普通高等教育"十三五"应用型人才培养规划教材

U0296772

Flash动画人的生存手册

FLASH动画设计

项目实战

国际动漫大师经典动画原理之实践应用

主　编◎秦亚军　张万良　赵清刚

西南交通大学出版社

·成都·

图书在版编目（ＣＩＰ）数据

FLASH 动画设计项目实战／秦亚军，张万良，赵清刚
主编. —成都：西南交通大学出版社，2015.8
普通高等教育"十三五"应用型人才培养规划教材
ISBN 978-7-5643-4200-5

Ⅰ. ①F… Ⅱ. ①秦… ②张… ③赵… Ⅲ. ①动画制
作软件 – 高等学校 – 教材 Ⅳ. ①TP391.41

中国版本图书馆 CIP 数据核字（2015）第 191811 号

普通高等教育"十三五"应用型人才培养规划教材

FLASH 动画设计项目实战

主编　秦亚军　张万良　赵清刚

责 任 编 辑	李芳芳
特 邀 编 辑	黄庆斌
封 面 设 计	墨创文化
出 版 发 行	西南交通大学出版社 （四川省成都市金牛区交大路 146 号）
发行部电话	028-87600564　028-87600533
邮 政 编 码	610031
网　　 址	http://www.xnjdcbs.com
印　　 刷	四川煤田地质制图印刷厂
成 品 尺 寸	185 mm × 260 mm
印　　 张	13.5
字　　 数	336 千
版　　 次	2015 年 8 月第 1 版
印　　 次	2015 年 8 月第 1 次
书　　 号	ISBN 978-7-5643-4200-5
定　　 价	35.00 元

序

　　动画，是一门结合创意与技术的综合艺术形式，它用形象生动的视觉形象呈现给人们天马行空的创意世界。动画片作为电影、电视片种之一，集绘画、影像于一体的影视艺术形式；是文化信息的大众传播媒介。动画既是一种文化，又是一种产业；既是艺术创作，又是商品生产；既是艺术的演绎，又是技术的生成；既是个人的制作，又有集体的创作。

　　随着计算机数字技术的普及，使动画从未像今天这样广泛地被世人关注：大大小小的动漫园区、基地如雨后春笋，动漫艺术节、动漫大赛、研讨会此起彼伏，在这种欢天喜地一片大好的形势下，我们心中既有喜悦、又有担心：喜悦的是，热爱动漫艺术的人越来越多，我们的创作队伍和观众群体迅速壮大，动画作品形形色色、琳琅满目；担心的是，动画制作滞后于数字技术的迅猛发展，墨守成规，为完成"任务"，作品粗制滥造。计算机数字技术给动画带来了革命性的变革，十分神奇。计算机数字技术的发展，极大地推动着动画的创作；技术制作应服务于艺术的表现，而不能替代艺术创作。把握好技术与艺术两者的关系，不要本末倒置，这是学习计算机数字动画技术的根本。

　　动画的基本形态是符号在时间上的位移与变化。数字技术，使动画的这种运动形态，从手绘、逐格拍摄演变为计算机二维软件 Flash 的生成。Flash 作为一款跨平台多媒体动画制作的软件，其功能强大，易于上手，具有独特的交互性和流媒体特点，已经成为平面动画创作领域无可争议的王者。Flash 是一款优秀的动画软件，它广泛应用于影视、信息、科技、娱乐、旅游等领域，几乎涵盖了社会生活的各个方面，打破了"动画"的功能限定。动漫和新媒体技术的发展，成就了动漫和文学、音乐等多种艺术形式的互相穿插与交融，这是现代动画发展的必然趋势。

　　在我国，Flash 动画虽然是一种年轻的艺术形式，但已成为令人瞩目，广为流行、广泛应用的新兴产业，发展前景无限美好。

　　本书介绍了动画概况，Flash 动画基础，Flash 绘画实战，以及动画运动规律在 Flash 角色动画创作中的具体实践应用。通过各种实践案例详细讲解了 Flash 公益动画的制作、广告动画的制作、企业活动片头动画的综合制作方法。

　　本教材系普通高等教育"十三五"应用型人才培养规划教材。

　　本教材突出实践动手能力和技能的培养，适合各类院校、培训机构，动画师、爱好者使用。

卓昌勇　重庆师范大学教授

2015 年 6 月 9 日

前　言

　　Flash 是一个跨平台的多媒体动画制作软件，其功能强大，是应用于网络电视动画、游戏娱乐开发、软件系统界面、手机广告领域开发、Web 应用开发等十几种应用开发的主要软件，是高等院校动漫设计专业、计算机应用专业、影视动画专业、数字媒体专业、广告设计专业、摄影等媒体专业的必修内容。从某种程度上说，Flash 动画带动了中国动画产业的发展。

　　真正的 Flash 动画离不开传统美术，离不开传统的动画运动规律和技法，离不开人物设计、动作设计和背景设计，离不开脚本创作与分镜头设计。也就是说，如果想真正学好 Flash 动画设计，就应该学好美术绘画知识，练习绘画基本功。美术基础在真正的 Flash 动画创作中尤为重要。

　　本书作为普通高等教育“十三五”应用型人才规划教材。本书以由浅入深的完整项目案例系统地向读者讲解了 Flash 动画制作的方方面面。项目案例中包含了各种使用技巧。读者通过本书的学习，可轻松步入 Flash 动画制作的殿堂，快速成为 Flash 动画创作高手。只要热爱 Flash 动画制作，也能够通过本书中的项目案例学习快速掌握 Flash 动画技能。本书介绍了 Flash 动画制作流程，以及热门商业动画案例的制作方法。本书编写分工如下：郑州铁路职业技术学院赵清刚编写了本书的第 1 章、第 3 章、第 5 章；其余章节由重庆传媒职业学院秦亚军、四川信息职业技术学院张万良共同编写。

　　本书参照了《原动画基础教程——动画人的生存手册》，运用了上海美术电影制片厂动画截图，《小破孩》《喜洋洋与灰太狼》等动画截图，在此向相关设计者表示感谢。

　　由于编者水平有限，书中难免存在遗漏和不足之处，欢迎读者批评指正。

秦亚军

2015 年 3 月 5 日

目　录

1

Flash 动画概述

1.1 动画与动画产业

1.1.1 动画的起源

　　动画起源于人类用绘画记录和表现运动的愿望。随着人类对运动的逐步了解及技术的发展，这种愿望成为可能，并逐步发展成为一种特殊的艺术形式。

1.1.1.1 动画的意念

　　早在远古时期，人类就有了用原始绘画形式记录人和动物运动过程的愿望。现存的资料表明，这种尝试可以追溯到距今两三万年前的旧石器时代。在西班牙北部山区的阿尔塔米拉洞穴石壁上画着一头奔跑的野猪（图 1.1），该野猪除了其形象丰满、逼真外，更耐人寻味的是这头野猪的尾巴和腿均被重复绘画了几次，这就使原本静止的形象产生了视觉动感。类似的还有法国拉斯卡山洞中"奔跑中的马"以及意大利文艺复兴时期的伟人达·芬奇的人体比例图（图 1.2），该图通过强调某一部位的比例，使其在视觉上移动起来。在古埃及神庙，工匠们在不同的巨大石柱上，依次画上做出欢迎状的连续动作的神像，当法老乘坐马车从神庙石柱前奔跑而过时，石柱上这些神像就会在人眼视点移动的状态下，显示出"欢迎法老的连续动作"（图 1.3）。此外，公元前 2000 年古埃及壁画上"摔跤"故事的连续画面（图 1.4），神庙石柱上表示欢迎动作的连续绘画以及我国马王堆汉墓中的人物龙凤帛画和敦煌石窟壁画中的佛本生故事等绘画，无不透露着人类记录动作和时间的欲望。上述例子表明：人们都有用静止的画面表现运动的意愿，我们把这种意愿称为"动画意念"。

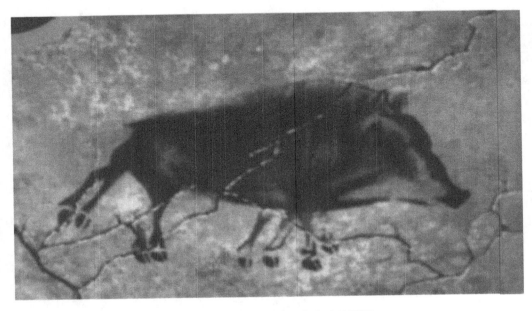

图 1.1　阿尔塔米拉洞穴中奔跑的野猪

图 1.2　达·芬奇的人体比例图

图 1.3　古埃及神庙石柱

图1.4 古埃及壁画"摔跤"

1.1.1.2 动画的雏形

单纯的绘画只能记录动作的瞬间，不论是重叠性绘画或连续性绘画，都只是把不同瞬间的动作过程画在一起，表达了对运动过程记录的渴望，并没有真正地表现出事物运动的时间和空间形态，画面仍然是静止的。

到了16世纪，在不断的实践中发明了"手翻书"，人们发现当一些画面快速连续或交替出现时，画面上绘的物体会产生真正运动的感觉。在不同的画面上表现不同时间发生的不同动作，这是人类解读动画的初次尝试。

1824年，英国科学家彼得·罗杰为破解这个难题提供了理论依据。他向英国皇家学会提交了一篇《移动物体的视觉暂留现象》的报告，第一次指出人眼有"视觉暂留"现象的特点：形象刺激在最初显露后，能在视网膜上停留若干时间。这样，各种分开的刺激相当迅速地连续显现时，在视网膜上的刺激信号会重叠起来，形象就成为连续进行的了。

随后，在彼得·罗杰这一理论的基础上出现了一种玩具——魔术画片（又名幻盘）。所谓"魔术画片"，就是一个两面画着不同图画的硬纸盘，当硬纸盘快速连续翻转时，眼睛还保留着刚过去瞬间的画面，紧接着又有一幅画出现，因此人们看到的不是单独的场景，而是组合在一起的正反两面图像互融的景象。如小鸟进笼的表示过程如下：提供一幅小鸟图片，再提供一幅笼子的图片，当两幅图片快速更换时，我们就可以看到小鸟进了笼子的效果（见图1.5），即看到了一个本不存在的画面。

图 1.5   "魔术画片"小鸟进笼

1.1.1.3   动画的诞生

19 世纪末，"画"已经可以动起来了，但是还有局限，还需要一些发明来促使它进步。1895年，法国的卢米·埃尔兄弟发明了电影机，当时放映了著名的《火车进站》和《水浇园丁》，标志着电影正式诞生。电影技术的应用为以后动画的产生创造了物质和技术条件。

英国的史都华·布莱克顿于 1906 年拍摄了在黑板上画的《滑稽脸的幽默相》（图 1.6），这一粉笔脱口秀被公认是世界上第一部动画影片。

图 1.6   世界上第一部动画影片《滑稽脸的幽默相》

1.1.2　动画的概念

"动画"一词由"animation"这个英文单词转化而来。其字源"anima"在拉丁语中的意思是"灵魂","animare"则有"赋予生命"的意思,"animate"用来表示"使……活起来"的意思。把 animated film 或 animation 翻译成"动画",只能说代表了原意的一小部分而已。实际上,animation 包括所有用逐格方式拍摄或制作出来的电影影片。早期动画的称呼并不是很统一,有些国家称之为动画片,有些国家称之为卡通片(cartoon)。卡通是一种报纸上多格的政治漫画转化成的绘画形式,实际上卡通与动画不属于同一种艺术形式,卡通属于平面的绘画艺术形式,而动画则是时空的电影艺术形式。而在我国,动画却被赋予了另外一个称号"美术片",在《电影艺术辞典》中的解释是:美术片,世界上统称为 animation,电影的四大片种之一,是动画片、剪纸片、木偶片和折纸片的总称。实际上我国的美术片更接近广义的animation。

动画片是电影的一种特殊类型,它同电影一样属于视听艺术范畴。动画的基本原理与电影电视一样,都是以人眼的视觉残留现象为基础的。医学证明,人眼在观看运动中的形象时,每个影像都在消失后,仍在视网膜上滞留不到一秒的时间,这种现象就是"视觉残留"现象。利用这一原理,在一幅画面还没有消失前播放出下一幅画面,视网膜上就会出现流畅的"运动"印象。

动画是一种综合艺术,它是集合了绘画、漫画、电影、数字媒体、摄影、音乐、文学等众多艺术门类于一身的艺术表现形式。随着社会的进步和发展,动画的技巧和艺术性有了很大发展。现在的动画早已不局限于简单的几种方式了,动画艺术家们运用各种手段、技术、材料来创作动画。有油画手段创作的动画片《老人与海》(图 1.7),以版画为手段的动画片《俩姐妹》,以中国水墨画为手段的《小蝌蚪找妈妈》(图 1.8),以剪纸为手段的《猪八戒吃西瓜》(图 1.9),现在计算机软件技术制作的动画片《最终幻想》(图 1.10)、《功夫熊猫》(图 1.11)、《喜洋洋与灰太狼》(图 1.12)、《小破孩》(图 1.13)等。

图 1.7　《老人与海》

图 1.8 《小蝌蚪找妈妈》

图 1.9 《猪八戒吃西瓜》

图 1.10 《最终幻想》

图 1.11 《功夫熊猫》

图 1.12 《喜洋洋与灰太狼》

图 1.13 《小破孩》

1.1.3 动画的特点与分类

1.1.3.1 动画的特点

（1）创造性：动画是赋予生命的艺术，它是在对现实世界的观察和整理的基础上，再加以提炼和概括，创造出的一个新的虚拟世界。动画艺术是对现实世界的重新定义，将许许多多无生命的物体赋予生命，使之具有具体的形态、语言、生活经历和外表特征。在动画艺术中，创造力使一切都成为可能，奇幻多变的故事情节、个性夸张的角色性格、时空交错的世界等有机地组合在一起，将观众带入了一个幻想的新世界。如图 1.14、1.15 所示。

图 1.14　美国皮克斯动画

图 1.15　美国迪斯尼动画

（2）极简与夸张性：符号式的极简和特征化的夸张是动画艺术密不可分的两个特点。它们的共同目的都是为了表现事物的特征。极简是在创造画面或具体角色时选择的筛选与概括，以略去不必要的细节，突出主要特征。夸张是对描写对象的细节进行突出与放大。读者在学习中主要是掌握它的目的性。但具体的表现又可分为两个方面：一是造型和动作的极简与夸张；二是剧情的极简与夸张。

图 1.16　《猫和老鼠》动画片

（3）幽默性：在常规的观赏经验中，动画片是具有快感享受的。快感的享受也就来源于它的幽默性。曾有某些人理解动画的时候，精简到几个词汇：有趣、可笑、轻松或意味深长。仅仅是这样吗？其实还有很多可以是成年化的赏读，也可以是一种严肃的态度解剖社会现象等。在动画诞生之初的《一张滑稽面孔的幽默姿态》中就展现了幽默，幽默在初期便与动画结下了不解之缘。但幽默在动画创作中能成为赢家，是从迪斯尼人手下开始的。最典型的是早期的电视系列片，如《猫和老鼠》《米奇》等，可以中找到幽默的根源。

（4）综合性：动画是一门结合着文、理、技术与艺术的综合学科。它的诞生、发展和革新，不仅涉及文学、戏剧、绘画、雕塑、建筑、音乐、舞蹈等艺术元素，同时涉及摄影、计算机图形技术等科学技术手段。它有着文学的内涵，戏剧的叙述，造型艺术的形象，电影的语言结构，音乐的灵魂……正是这些不同艺术门类的特性最大限度地集中并建立在现代科学技术之上，才构成了动画这一特殊的综合艺术。

1.1.3.2　动画的分类

动画的分类没有统一标准。从制作技术和手段上看，可分为以手工绘制为主的传统动画和以计算机软件为主的计算机动画；按动作的表现形式来区分，大致可分为接近自然动作的"完善动画"（电视动画）和采用简化、夸张手法的"局限动画"（幻灯片动画）；如果从空间的视觉效果上看，又可分为二维动画和三维动画；根据不同的制作材料和呈现方式又可分为木偶动画、剪纸动画、沙子动画、铁丝动画、泥塑动画、合成动画、计算机动画、还有绘画要求较强的水墨动画，这些制作方式的表现比较自由，可以充分发挥个人的想象力；根据播放渠道和传播媒体分类，又可分为影院动画、电视动画和网络动画；根据风格特点分类，又可分为写实类、写意类和抽象类。

1.1.4　中国的动画发展概况

中国动画的创作生产应从 20 世纪 20 年代万氏兄弟摄制第一部动画片算起，现已有 90 多年的历史，在世界上起步不算太晚。1926 年，万氏兄弟拍摄了中国第一部动画片《大闹画室》。1936 年，中国第一部有声动画《骆驼献舞》问世。1941 年，受美国动画的影响，制作出了中国第一部大型动画《铁扇公主》，在世界电影史上，它是名列美国《白雪公主》之后的动画艺术片，这标志着中国当时的动画水平接近世界的领先水平。

1949—1965 年。中国的动画事业可以说是得到了快速发展。1950 年制作了一部动画，到 60 年代，每年都能制作十多部动画，期间特别值得一提的就是 1961—1964 年制作的《大闹天宫》。《大闹天宫》可说是当时国内动画的巅峰之作，是中国第一部彩色动画长片。该片作为中国动画片的经典影响了几代人，是中国动画史上的丰碑。

1976—1990 年。动画行业发展受到了很大的影响，而且上影厂 1972—1976 年间拍摄的 17 部动画，如《小号手》《小八路》《东海小哨兵》等给后来的动画创作造成了严重的阴影！写实主义和教育目的，这使动画片被定位是给小朋友看的充满教育意义的教材，这种思想不仅延续下来，而且在大部分人心里深深扎根，这种观念才造成了后来的动画片的尴尬地位。在 1978 年到 1989 年的十年间，动画片制作进入繁荣时代，制片单位制作了 219 部动画片，例如《哪吒闹海》《金猴降妖》《天书奇谭》等优秀作品。

1990—2002 年。首先是 90 年代各大动画制作厂家开始与国际动画业展开交流与合作，这时数字生产手段取代了以往的手工绘制方式，大大提高了制作效率。各种体制制作单位的多元化发展，各种专业人才进入这个行业，数量增加了和质量提高了，但由于受制作动画片主要给孩子看的这种理念影响，在题材内容上并没有太大突破。

综上，中国的动画业经历了风风雨雨，有过沉寂，也有过辉煌，几代动画人对中国民族动画的探索却始终没有停止过。20 世纪的 50 年代至 80 年代，中国本土动画造就了一大批经典影片。如《阿凡提》《渔童》《金色的海螺》等，设计者大量借鉴了中国传统民间色彩的艳丽、丰富、夸张和强烈的补色对比，将场景色彩和人物色彩设计得极其丰富、多变，传达给观众一种强烈的色彩感受。如中国动画《老鼠嫁女》（图 1.17），《三个和尚》（图 1.18）。

图 1.17　中国动画《老鼠嫁女》

图 1.18　中国动画《三个和尚》

1.1.5　动画的产业化

1.1.5.1　动画产业

　　动画是一门艺术，因为它风趣幽默、直观易懂，已成为一种世界文化，受到各国人民普遍欢迎。动画更是一种具有吸引力和渗透力的娱乐，它可以影响一代人，对精神文明建设起着不可低估的作用。动画又是一个产业，而且是一个能够为国家创造很大产值的大产业，已成为发展经济的一个新的增长点。动画受到我国政府和社会各界的极大关注。动画已作为一种现代产业，它包含动漫图书、报刊、电影、电视、音像制品、舞台剧和基于现代信息传播技术手段的动漫新品种等的开发、生产、出版、播出、演出和销售，以及与动漫形象有关的服装、玩具、电子游戏等衍生产品，甚至扩大到与此相关的公园、游乐园等，从而大大超越了其原有的含义。如图 1.19 ~ 1.22 所示。

图 1.19　十二生肖卡通形象

图 1.20　《喜洋洋与灰太狼》动漫衍生产品

图 1.21 《小熊维尼》动漫衍生产品

图 1.22 《小破孩》动漫衍生产品

1.1.5.2 动漫产品

"动漫产品"是一个越来越被广泛使用的词语，但它的概念与界限还很难界定。这里"动漫产品"是一个广义的概念，包括动画音像产品、漫画出版物以及动漫衍生产品。动漫产业产品主要包括各种动漫作品和动画片，以及各种相关的衍生产品。前一部分是动漫产业的基本产品形式，其载体包括：电视、电影播放，图书、杂志出版，各种 VCD、DVD 光碟产品的发行，以及通过网络、手机等传播。动漫衍生产品是动漫产品最为重要的一部分，主要包括动漫相关的游戏、服装、玩具、食品、文具用品、主题公园、游乐场、日用品、装饰品等，范围较宽，产品种类也较多。可以说，它在生活中无处不在，毫无疑问它是一项大产业。

1.1.5.3 产业化环节

产业化环节包括以下 4 个方面：

（1）市场定位策划。

（2）形象策划。

（3）文化产品。卡通电影、电视片、多媒体出版物、图书、游戏和网络出版物等。

（4）商业产品。玩具、文具、日用品、服装和主题公园等。

我们今天的动画艺术也正在经历一个媒体革命的重要时期。如同从电影动画到电视动画的革命一样，动画目前进入互联网和移动媒体领域，这将给动画从形式到内容再到产量带来翻天覆地的变化。动画也在向数字内容产业转变，将进入"泛动画"领域。涉及网络、移动新媒体、多媒体、游戏、教育软件、智力玩具等。由于真人演出电影制作费越来越高，而动画在制作成本上也越见优势，特别是电视广告项目，从广告片到剧情片，结合计算机和传统动画设备，使之更趋精致。未来动画的前途无可限量，动画的下一个"黄金时代"即将到来。

1.2 Flash 动画背景知识

1.2.1 Flash 动画的特点

Flash 以流控制技术、矢量技术为代表，能够将矢量图、位图、音频、动画和深层交互动作有机地、灵活地结合在一起，制作出美观、新奇、交互性更强的动画效果。

较传统动画而言，Flash 提供的物体变形和透明技术，让用户创建动画更加容易，并为动画设计者的丰富想象提供了实现手段。

Flash 动画具有以下特点：

（1）动画短小：Flash 动画虽然受网络资源的制约一般比较小，但由于绘制的画面是矢量格式，所以无论放大或缩小多少倍都不会失真。

（2）交互性强：Flash 动画具有交互性优势，可以通过单击、选择等动作决定动画的运行过程和结果，是传统动画所无法比拟的。

（3）传播性好：Flash 动画具有文件小、传输速度快、播放采用流式技术的特点，在网络上可供人欣赏和下载，因此具有较好的传播性。

（4）轻便与灵巧：Flash 动画具有崭新的视觉效果，已成为新一代的艺术表现形式，这比传统的动画更加轻便与灵巧。

（5）人力少，成本低：学习 Flash 动画所需的时间相对较少，费用也相对较低，且易于掌握。

1.2.2 Flash 动画与传统动画的区别

相对于传统动画来说，Flash 动画优势是非常明显的。

（1）Flash 动画对计算机的软硬件要求不高，一般的家用计算机都可以成为专业的动画制作平台。Flash 软件操作简单、易学，初学者可以在几天之内就对 Flash 软件的操作有一定的掌握。另外，Flash 动画制作者不一定要有美术基础，只要头脑中有创作的"火花"，就可以通过图片、文字、音乐的形式表现出来。

（2）发布后的 Flash 动画体积小，以便于网络传播。一般几十兆的 Flash 源文件，输出后的播放文件也就几兆，因此体积小、容量大。Flash 动画已经成为网络上的动画霸主。

（3）Flash 动画中元件概念避免了很多重复劳动，即相同的动作和形象转换成元件后，可以方便地重复利用，又不会影响输出后的文件大小。特别是团队制作的时候，把重复利用的形象制作为元件，可以避免因制作人员水平不齐带来的"跑形"问题。

（4）Flash 动画中采用图层概念使得操作简单快捷，人的头部、身体、胳膊可以放到不同的层分别制作动画，修改也非常方便，这样避免了所有图形元件都在一层内，一旦调整修改就有费时费力的问题。

（5）传统动画要求绘制者有一定的美术基础，并懂得动画运动规律。

（6）传统动画有完整的制作流程，体现在集体工作、分工明确。但因为工序多，制作人员也多，导致了它的成本投入非常大。

（7）经过多年的完善，传统动画有了一套程式化的动画理论，总结出了各种物体的运动规律、运动时间，可以帮助动画工作者轻松面对工作。这也是 Flash 动画需要借鉴传统动画的地方。

1.2.3　Flash 动画应用领域

随着网络热潮的不断掀起，Flash 动画软件版本也开始逐渐升级。强大的动画编辑功能及操作平台更深受用户的喜爱，从而使得 Flash 动画的应用范围也越来越广泛，主要体现在以下几个方面。

（1）在因特网上的应用。由于 Flash 动画在网上传送速度快、画面流畅亮丽，因此在因特网上被广泛应用。如网络广告、网站建设等，由 Flash 制作出来的广告色调鲜明、文字简洁、美观等。网站中的导航菜单、Banner、产品展示、引导页等都需要运用 Flash 动画。如网络广告的应用（图 1.23），网站的应用（图 1.24）

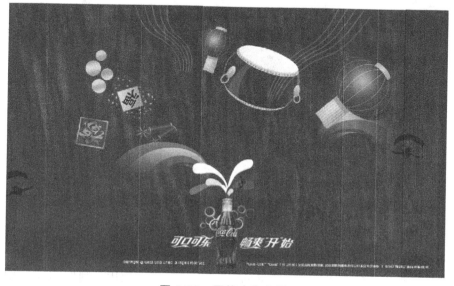

图 1.23　网络广告应用

图 1.24 网站应用

（2）交互游戏的应用。Flash 交互游戏允许浏览者进行直接参与，并提供交互条件，其中主要体现在鼠标和键盘上的操作。Flash 游戏主要包括棋牌类、冒险类、策略类等多种类型。Flash 动画在游戏中的应用（图 1.25）。

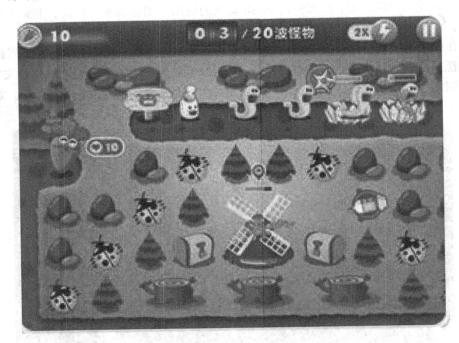

图 1.25 Flash 游戏应用

（3）动画短片的应用。动画短片是用歌曲或文字对白配以精美的动画，将其变为视觉和听觉相结合的一种崭新的艺术形式，是 Flash 动画的一种典型应用。制作 Flash 动画短片，要求开发人员有一定的绘画技巧以及丰富的想象力。动画短片的应用（图 1.26）。

图 1.26　Flash 动画短片

（4）教学课件的应用。教学课件是在计算机上运行的教学辅助软件，是集图、文、声为一体，通过直观、生动的形象提高课堂教学效率的一种辅助手段。而 Flash 恰恰满足了制作教学课件的需求。Flash 动画在教学课件中的应用（图 1.27）。

图 1.27　Flash 课件应用

（5）视频领域的应用。Flash不仅仅局限用于个人的娱乐设计，它在网络视频、电视视频、宣传片头中也得到了广泛的应用。如视频应用（图1.28）。

图 1.28　视频领域应用

1.2.4　Flash 动画的发展前景

（1）Flash 动画的发展基础。

巨大市场需求和本土化趋势为 Flash 动画提供了发展空间。据不完全统计，目前我国 18 岁以下青少年达到 3.7 亿人，影视动画节目观众在 1 亿人以上。动画片消费潜力巨大，市场需求旺盛。据不完全统计，到 2005 年年底，全国有 47 个省市少儿频道和 3 个卡通卫视频道，动画节目需求量一年将达到 100 万分钟。近年来日本、美国卡通业将大量动画制作外包给中国和韩国。随着各地数字频道的开办，节目需求总量在大幅度增长。我国宽带网络用户数和移动手机用户数分别居全球第二位和第一位，因此网站及相关产业发展市场空间巨大。

（2）Flash 动画的市场前景。

目前在我国，每天至少有 15 万人下载各种 Flash 动画，并将它们广泛传播，这个数字每天还在不断增长。现在已经有不少电视节目中也使用了 flash 制作的动画。在国内，自 1999 年 Flash 大规模登录市场以来，至今已有上万人投入这一行业，也就是"闪客"Flash 制作人。在国外，Macromedia 公司最近做了一项调查，表明世界上超过 80% 的浏览器用户安装了 Flash 播放器。美国 96% 的计算机用户使用 Flash 软件来观看动态网络内容。Flash 具有非常高的自由度与互动特性，这更使得人们乐于接受。再从商业角度看，Flash 动画的不可预测性其优于其他的广告手段。

Flash 也将用于电视或网络广告，这将有利于商业公司的发展，是帮助其取得成功的有利途径。而且现在 Flash 发展最快的北京、广州、上海、和深圳，这些地区本来就具有非常好的商业环境。一些 IT 公司以 Flash 的形式在网上发布其产品，更为 Flash 的商业应用开启了全新的视野和广阔的发展前景。

1.2.5 Flash 动画设计流程

传统制作工序中对时间、资源和创造力的管理原则同样适用于 Flash 动画制作，但使用 Flash 作为动画制作工具改变了一些制作方法。下面就介绍下 Flash 动画设计的制作流程。

1.2.5.1 剧　本

剧本一般分为以下三种情况：

（1）创意提供的文字剧本或是客户直接提供的文字剧本。

（2）自己编写的原创剧本。

（3）根据小说、寓言故事、神话故事等改编的剧本。

动画剧本只是表述故事，不能产生直观的印象，这就需要把小说式剧本改变成导演镜头式的分镜头文字剧本。分镜头文字剧本，使用镜头的视觉特征和强烈的文字描述来表达故事，把各种时间、空间氛围用直观的视觉感受量词表现出来。分镜头文字剧本其实就是使用能够明确表达故事视觉画面的语言来写作，用文字描述形式来描述动画分镜头。

1.2.5.2 分析剧本

（1）当分镜头文字剧本确定后，这时需要分析文字剧本并确定好三幕。

第一幕（开端）：构建故事的前提、情景以及故事的背景，设置刺激点，使故事矛盾冲突。

第二幕（中端）：即故事的主体部分和对抗部分，通常在这里故事会有一个小的转折。

第三幕（结束）：在故事结束之前往往伴随一个强烈的高潮，然后才是故事的结尾。

（2）把每一幕划分 N 个场景。每一幕都包括哪些场景；每一个场景都具有清晰的叙事目的，每一个场景由同一时间发生的相互关联的镜头组成。

（3）把每一场景划分 N 个镜头。用多个不同景别、角度、运动、焦距、速度、画面造型和声音来描述场景中要表达的内容。如果在同一场景内有多个镜头大角度变化，就应该画出摄影机运动图。

1.2.5.3 分镜头绘制流程

（1）分镜头文字剧本用文字语言表现一个个镜头，我们在绘制动画分镜头时，应在分镜表中填写相对应的选项，如有其他的内容，需填写在备注中，尽量做到看表格就能在大脑里形成生动的画面。

（2）统计整个动画故事中共有多少个场景，每个场景需要哪几个视角图；共有多少个角色，每个角色共需要哪几个视角图，有什么循环动作，随便给角色、场景、动作编号。

（3）将所有的场景视角图、人物视角图、人物循环动作动画编号。

（4）在以上确定后，此时就要开始绘制分镜头了。在分镜头上注明镜头动作、时间、对话内容、动作等。

1.2.5.4 角色设计

（1）初步设计。画出角色的正视图，画出几个人物在一起的集体图，建立角色设计文件。

（2）画出每个人物的正视图、侧视图、背视图、3/4视图，并且用线标出人物在各个视角中的头部、上身、下身高度，建立角色多视图文件。

（3）制作元件。把角色人物在Flash中画出来，建立Flash角色元件。再将每个人物需要动的部分设置为一个影片元件，把整个人物全都放在一个大的元件里。把人物头部、胳膊、腿部、身体各部分都制作成元件。

（4）制作角色库。建立角色库Flash文件，并把所有角色元件分别放在库中。每个角色建立一个文件夹，并把文件夹命名为该角色的名字，以便在后面Flash动画制作过程中使用所有角色元件。

1.2.5.5　场景设计

（1）初步设计。画出本镜头场景的正视图，画出本场景所需要的多个角度。

（2）给场景上色，并且定色彩。建立场景上色Flash文件，首先给场景的正视图上色，确定下来之后再给所有的图上色，然后制作颜色表，确定每个部分的颜色及其对应数值，最后依照颜色表给所有的场景上色。

（3）制作场景库。建立场景库Flash文件，并把所有场景的元件分别放在库中。每个场景建立一个文件夹，并把文件夹命名为该场景的名字，以方便在后面Flash动画制作过程中使用所有场景元件。

1.2.5.6　动作设计

（1）建立动作Flash设计。

（2）建立动作元件。

（3）制作动作库。建立动作库Flash文件，并把所有动作的视角图分门别类排列在库中，每个动作都为一帧，并把层命名为该场景的名字。

1.2.5.7　镜头合成

（1）新建镜头Flash文件。

（2）将制作出来的所有镜头串联到一个Flash文件中。

（3）在每个镜头中，每一个元件的名字都要以本镜头动画的元件命名，以防止替换元件。

1.2.5.8　声音合成

（1）声音分为整体背景音乐和动作特效声音。

（2）整体音乐要根据整个片子的感觉来配，不过这些要在后期合成，为成片配上。

（3）单个动作特效声音在根据动作来匹配，可以直接在Flash的层上新建一个新层命名为特效声音层，还可以在Flash上编辑特效声音。

1.2.5.9　后期合成

（1）把所有镜头合成到一起，建立合集大文件。

（2）可以在Flash中建立多个场景以进行多个镜头的合成。

（3）把镜头动画文件打开，全选所有帧，复制所有帧，然后粘贴到合集大文件图层中合成。

（4）把每个镜头文件复制到大合集文件中，加上动画特效，生成SWF动画影片格式文件。

1.3 Flash 动画师的素质和能力

1.3.1 动画工作者的基本素质和能力

1.3.1.1 自身修养

修养是平时在理论知识、艺术、思想各个方面的修养，一个人的修养能影响到他为人处事的态度。观众通过动画作品能看出一个动画艺术家本身的修养。动画艺术家要在生活实践和艺术实践中，不断丰富生活，积累和提高修养。

1.3.1.2 创作热情

完成一部动画片往往需要很长的时间，因为制作一部动画不但工作量巨大，质量要求高，而且制作过程中需要很细致精确、工序繁多。由于动画创作的工艺特殊性，因此没有持久的创作热情和耐心是很难胜任这项工作的。动画行业需要特有的素质和敬业精神，这来源于动画设计师对动画的热爱。

1.3.1.3 团队协作精神

动画项目的创作是一门团队协作创作的艺术。一般传统绘画作品可由一个人完成，而动画项目的制作，涉及剧本、分镜头、原画、动画、建模到渲染，因此会涉及很多工作人员与多项专业技术。各个部门必须精密配合团结协作，环环相扣，才能完成一个动画项目。所以工作人员在制作的各个环节中，不允许任何不协调和不合作的情况发生。步调一致和严谨的合作，是在最短的时间内共同创作出精美动画的保障。

1.3.1.4 电影镜头语言的修养

动画在我国最初把它叫做美术电影，它属于电影的一种特殊分类。动画与电影都具有相同的载体和工作方式，摄像机和放映机都是它们的基本工具，电影院银幕、电视台、计算机都是它们展现的舞台。另外，它们都属于时间的艺术，与绘画等静态艺术形式是有所不同的。在制作动画过程中，电影的镜头语言、视听语言、蒙太奇知识的运用是相通的。因此，电影镜头语言知识和修养是动画家们的必修课程。对电影语言的了解是一个合格动画师必备的基本功。如果一个动画师不懂电影镜头语言，是不能创作出一部成功的动画片的。

1.3.1.5 音乐修养

动画是一门视听艺术，好的动画离不开好的动画配音。动画与音乐关系密切，尤其在现代媒体中，动画片是离不开声音音效的，只要有声音和音乐，动画才能够更好地吸引观众。动画片里音乐的合理安排和处理是动画创作的重要组成部分。因此音乐修养对于一个动画家来说是十分重要的。

1.3.1.6 计算机软件运用修养

计算机软件已经成为现代动画制作中不可缺少的重要动画创作工具。动画师们在动画片的创作工程中都要使用计算机和软件。作为一个动画师，如果不懂计算机软件，尤其是动画软件，那他对动画的制作过程时间和制作效果都是很难想象的。现代动画师如果不懂计算机运用，那么从线拍机的试用到动画的检验，上色和合成等工作他都无法完成。因此熟练掌握计算机软件是一个现代合格动画师不可缺少的基本条件。

1.3.1.7　美术、造型能力

动画是建立在美术基础上的特殊动态艺术形式。动画师的能力涉及美术基础、造型能力和动画技能的结合，缺一不可。动画行业的人都清楚，动画片中绘画的成分占用很大的比例，动画家是否具有一定的绘画水平对于动画制作是很重要的。一个动画师如果有一点的绘画和造型能力，那么他在动画行业的工作范围都会很宽广。因此一个好的动画师，其美术、造型能力是十分重要的。

1.3.1.8　创造力

虽然创造力有一定的先天因素，但一般说来，它主要是后天形成的。不同的人，只要是正常的，就一定有创造力。只是对于不同的人，创造力的强弱有所差别。动画师创造力的强弱既取决于先天禀赋，又取决于自己对生活的敏锐观察，刻苦的专业训练和不断的艺术实践。

1.3.1.9　表演能力

动画艺术家要具备根据客观物象的某些特点予以模仿和再现的能力。动画是一种极富幻想的艺术形式，动画艺术家在假定的虚拟世界中，以各种形式演绎人们的内心思想和外在活动。这就要求动画创作者们在动画创作与制作过程中，不但要把丰富的想象力始终贯穿于编辑、原画、分镜、场景设计、合成、音乐配音等各个环节，还要充当电影、电视中演员的角色，以自己的思想和双手完成各种现实生活中往往不存在而又千奇百怪的卡通表演。

1.3.1.10　感受力

动画艺术家往往在日常生活中对周围事物具有敏锐的察觉、感受和反应的能力。感受力取决于后天生活阅历的深浅，对人情世故的洞察程度和情绪记忆的积累多寡。感受力越强，动画角色的刻画才会越来越生动。

1.3.2　动画家的思维特点

1.3.2.1　动态的思维

在动画的世界里，"动"是吸引观众的法宝，"静"是短暂的，是相对的，静的时间太长会使动画不生动。动与静是相对的，掌握好动与静的关系尺度要靠实践积累。学习美术的人善于形象思维方式，但学习动画的人要善于动态形象思维。

1.3.2.2　时间的掌握

动画家对时间的掌握在动画片创作中是一个很关键也是很难把握的内容，需要一定的经验。在很多动画人眼里，时间的掌握只可意会不可言传。因为时间对动画师而言是可塑的，既可压缩也可扩展，极度的自由也就意味着难以把握。时间的掌握是动画工作中的重要组成部分，它赋予动作以"意义"或者"内容"。动作不难完成，只要为同一物像画出两个不同的位置并在两者之间插入若干中间画就可生成，但这还不算是动画。在自然界，物体并不是仅仅在动。对于有生命的物体来说，它不但包括外部力量、自身肌肉运动等内容，但更重要的是动画家要通过活动着的角色体现出其内在的意志、情绪、本能等。在动画创作之前，动画家就要规划好全部故事或其中某一特殊段落场景的总的设计和节奏，具体包括几分钟时间或仅仅几秒钟时间的连续镜头，必须将这些镜头组织成场景。

1.3.2.3 动画角色质感的概念

质感可简单理解为用笔质感和性格质感，即有形和无形质感。两者要相辅相成。不同的人物，就有不同的外型特征，其用笔方式就会有很大不同，在创造角色时就需要注意用笔质感；而相应的，为了表现其性格特征，不同的人物行为方式，语言特点等等，就需要无形的性格质感。任何物体都可以极度夸张。在动画世界里，不需要没有性格的角色造型。

动画设计需要付出巨大的努力。作为一种空间和时间的艺术形式，它表现的是艺术作品，传达的是运动和时间，因此，动画设计师需要具备可视化设计和运动理论知识。动画师对所设计角色怀有很大的创造热情，唤起一种强烈的创作欲望和冲动，能全身心地关注角色的命运，并充分运用内心体验产生符合角色性格和规定情境的情感，以赋予角色以感人的生命力。

1.3.3 动画师与 Flash 软件的关系

Flash 动画设计师的工作是使用 Flash 软件以及一些周边的辅助软件进行 Flash 动画设计创作。虽然有很多人从事 Flash 动画制作工作，但并不每个人都能被称作 Flash 动画设计师，因为这不单单是因为创作的过程和作品的质量、意义深度不同，如何使用 Flash 以及辅助软件也是其中的重要原因。使用这些辅助软件一定要斟酌而用，适时而用，切记不能本末倒置，偏离创造中心。作为一名 Flash 动画设计师，最基本的技能就是熟练掌握 Flash 以及辅助软件的使用，在某种程度上讲，这是一种制作 Flash 动画的技术标准。还要掌握系统的动画造型设计和物体的运动规律，因为这是一个好的 Flash 动画设计师发展和生存的基础。

2

Flash 动画基础

2.1 Flash 界面及操作基础

2.1.1 Flash 的欢迎屏幕

Flash 是美国 Macromedia 公司出品的矢量图形编辑和二维动画创作的专业软件，现属于 Adobe 公司。其前身是一款叫做 "Future Splash" 的矢量动画插件，自 1996 年首次推出 Flash 1.0 版以后，已经推出许多版本，目前广泛使用的是 Flash CS4 和 Flash CS5 版本。

Flash CS4 软件安装到计算机后，可以点击 "开始" / "所有程序"，选择对应软件来启动，也可以在桌面上找到 Flash CS4 的快捷方式图标来启动。

用户初次启动 Flash CS4 程序时，会自动进入欢迎屏幕，如图 2.1 所示。

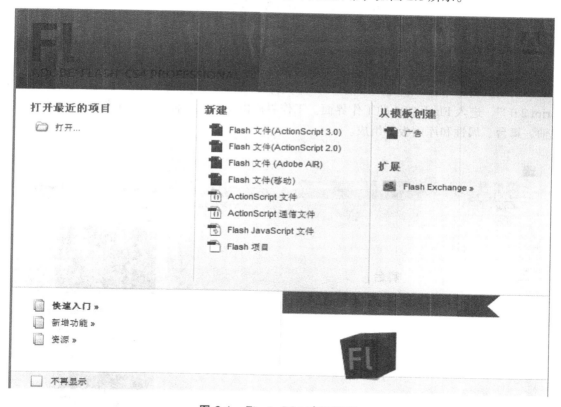

图 2.1　Flash CS4 欢迎屏幕

（1）打开最近的项目：用于打开最近操作过的文件。用户只需要单击其下列出的文件名（这里是第一次启动，所以没有文件）打开文件也可通过单击 "打开" 按钮，在弹出 "打开文件" 对话框中打开文件。

（2）新建：列出了 Flash CS4 可以新建的文件类型，单击列表中的文件类型即可快速新建文件。

（3）从模板创建：里面列出了 Flash CS4 常用的模板类型，单击列表中的模板类型可以创建模板类型文件。

（4）隐藏欢迎屏幕：在欢迎屏幕左下角，有一个  选项，用户通过它可以控制 Flash CS4 启动时是否显示欢迎屏幕。勾选 □ 不再显示 选项，下次启动 Flash CS4 时将不打开"欢迎屏幕"而直接进入 Flash CS4 操作界面。

（5）恢复欢迎屏幕：执行"编辑"/"首选参数"命令，在"常规"栏中设置启动时为"欢迎屏幕"即可，如图 2.2 所示。

图 2.2　设置启动时为"欢迎屏幕"

2.1.2　工作界面

在欢迎屏幕中单击"新建"下的"Flash 文件（ActionScript3.0）"或"Flash 文件（Action Script 2.0）"，进入 Flash CS4 的工作界面。工作界面由菜单栏、标题栏、工作区、工具箱、时间轴、舞台、属性和库面板等组成。

图 2.3　Flash CS4 工作界面

2.1.2.1 菜单栏

菜单栏位于标题栏的下方。用户可以根据需要选择相应菜单下的命令。几乎所有 Flash CS4 的命令都可在这里都可以找到，如图 2.4 所示。

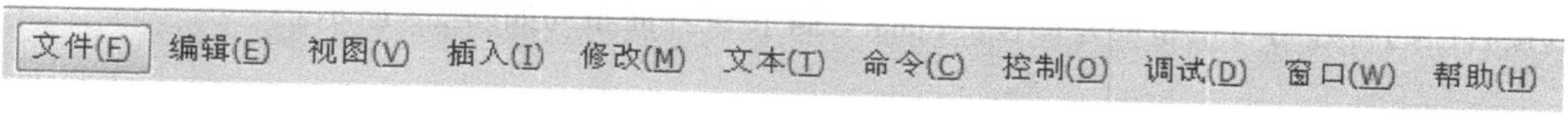

| 文件(F) | 编辑(E) | 视图(V) | 插入(I) | 修改(M) | 文本(T) | 命令(C) | 控制(O) | 调试(D) | 窗口(W) | 帮助(H) |

图 2.4　Flash CS4 菜单目录

提示：可以通过快捷键打开菜单，即按下"Alt+相应字母"打开相应的菜单。如打开"文件"菜单，只需按下快捷键"Alt+F"。

2.1.2.2 工具箱

Flash CS4 主界面的左侧是用于绘图的工具箱，用户可以根据自己的喜好来设置工具箱为单列模式或双列模式，工具箱在界面中的位置可以自己定义。下面先介绍一下工具箱中各工具名称和各工具相应的快捷键，如图 2.5 所示。

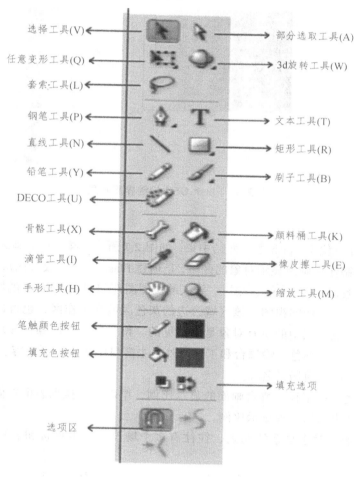

图 2.5　工具箱各工具名称

2.1.2.3 标题栏

Flash CS4 的操作界面共有 6 种布局:【动画】【传统】【调试】【设计人员】【调试人员】和【基本功能】。用户在标题栏中可以用鼠标点击 动画 ▼ ,选择自己喜欢的布局界面,还可以按自己的喜好与习惯布局并保存。Flash CS4 传统界面布局如图 2.6 所示。

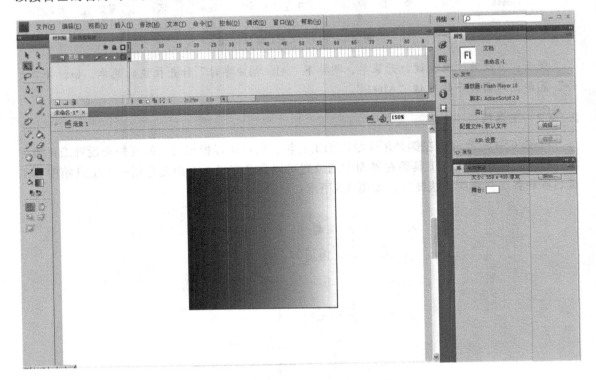

图 2.6　Flash CS4 传统界面布局

2.1.2.4　舞　台

舞台默认情况下位于 Flash 主界面的中央,如图 2.7 所示。舞台是动画编辑区域,是 Flash 绘制、编辑图形、制作动画及显示对象的区域,是创建 Flash 文档时放置图形内容的矩形区域。图形内容包括矢量插图、文本框、按钮、导入的位图图片和视频。Flash 的舞台可以放大和缩小显示比例,以更改舞台的视图。该区域旁边的灰色区域为工作区,也可以作为编辑动画区域,但是播放时灰色区域中的所有对象是不可见的。舞台默认为白颜色显示,用户可以根据实际需要重新设置舞台颜色。除舞台和工作区外,主窗口中还有以下内容。

(1)场景名:即当前场景名称。

(2)显示比例:用于控制舞台画面的显示比例,单击该下拉列表框右侧的按钮,即可在出现的下拉列表框中选择一种显示比例。

(3)编辑场景:对于复杂的动画,往往有多个场景,单击该按钮,可以跳转到不同的场景。

(4)编辑元件:大多数动画都包含有多个元件,单击该按钮,可以在出现的下拉列表框中选择需要编辑的元件,进入相应的编辑状态。

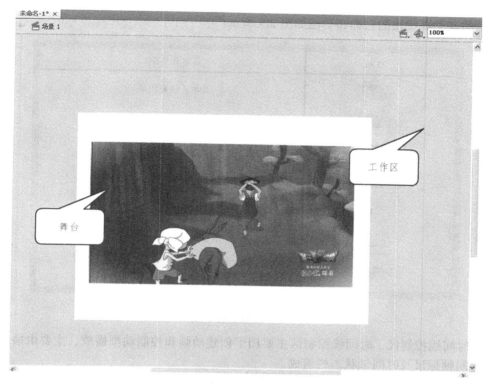

图 2.7 舞台和工作区

2.1.2.5　时间轴

时间轴用于创建动画和控制动画播放，如图 2.8 所示。其左侧为图层区，右侧为时间线控制区，包括播放指针、帧格、时间轴标尺及时间轴状态栏。时间轴的显示状态与图层是相对应的，每个图层上都有相对的时间轴。图层不同，时间轴往往也会不同。

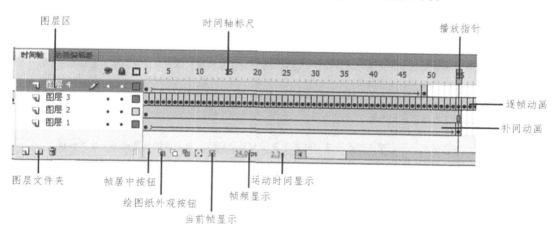

图 2.8　时间轴

（1）图层区。图层区用于进行图层的管理和操作。例如，当舞台中有很多对象时，往往就需要通过图层将这些对象按一定的顺序叠放。图层区的操作也可以使用其中的按钮来进行，图层区中的各工具按钮的名称和功能如图 2.9 所示。

按钮	名称及功能
	显示 / 隐藏图层
	锁定 / 解锁图层
	显示图层的轮廓
 图层 1	图层名称
	新建图层
	新建文件夹
	删除图层

图 2.9 按钮名称和功能

（2）时间线控制区。时间线控制区主要用于创建动画和控制动画播放，主要由播放指针、帧格、时间轴标尺及时间轴状态栏组成。

（3）播放指针：播放指针是一条红色的垂直直线。播放指针停在哪个帧上，舞台中就会显示出该帧中的内容。如果创建了动画，按住鼠标左键拖动播放指针可以改变当前帧的位置。

（3）帧格：时间轴上的许多长条形方格就是帧格，一个帧格代表一个帧，方格上方的 1、5、10、15 等数字表示动画的帧数。播放指针穿过的帧就是动画的当前帧。

（4）时间轴状态栏：位于时间轴下方，其中各按钮的功能如图 2.10 所示。

	帧居中：用于将当前帧显示到时间轴控制区的中间
	绘图纸外观：用于在时间线上设置一个连续的区域，此时的时间轴中将显示两个用于设置需要在场景中连续显示的帧位置，帧数量游标记在游标区域内每个帧中的原始图形都将显示出来
	绘图纸外观轮廓：用于在时间线上设置一个连续的帧区域，并显示区域内除当前帧外的所有帧中内容的轮廓
	编辑多个帧：用于设置一个连续的帧编辑区域，并将区域内的所有帧（标有小黑点的帧）的内容显示出来
	修改图纸标记：用于设置洋葱皮的显示范围和显示标记，单击该按钮将出现下拉列表框
	当前帧：用于显示当前帧的帧数
	帧频：表示每秒播放的帧数（即帧频率）
	运行时间：表示从第一帧到当前帧所需的时间

图 2.10

2.1.2.6 属性和库面板

在动画制作过程中，用户常需要对动画内容进行编辑并设置其属性。在制作动画过程中需要库存放大量的元素和素材文件。

"属性"面板中显示了文档的名称、背景大小、背景色和帧频等信息，如图 2.11 所示。

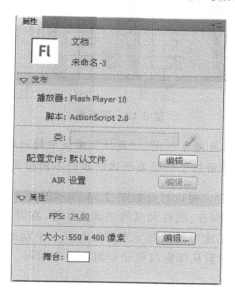

图 2.11 属性

在"属性"面板中，用户可以进行以下操作：

（1）单击"大小"后的"编辑"按钮，将出现如图 2.12 所示的"文档属性"对话框，在其中可以设置文档的标题、尺寸、背景颜色、帧频和标尺单位等。

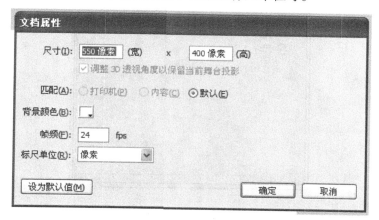

图 2.12 文档属性

（2）单击"背景颜色"后的图标，将出现如图 2.13 所示的调色板，在其中单击某个颜色的图标即可为舞台设置相应的背景颜色。

（3）在"帧频"文本框中可以设置动画帧频。帧频越大，播放速度也越快，系统默认帧频为 12 fps（帧/秒）。

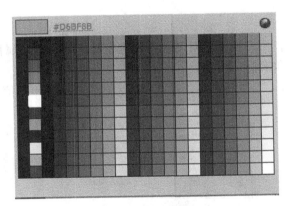

图 2.13　调色板

提示：当前所选择的工具或对象不同，"属性"面板中的内容也会不同。不仅"属性"面板会随着不同对象改变，其他面板也会随着所选对象的不同而发生变化。

选择"窗口"/"库"命令，可以打开如图 2.14 所示的"库"面板。"库"面板主要用于存储和组织元素，包括导入的声音、图片和其他动画文件等，在导入这些文件的同时，Flash CS4会将它们自动存放在这里。图库中的这些元素可以在同一个动画中反复使用，在使用过程中只需要按住鼠标左键将这些元素从库窗口拖动到舞台上来即可。

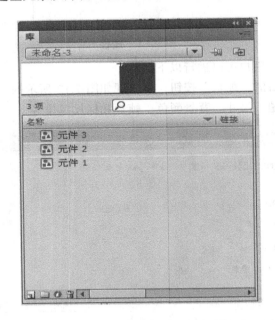

图 2.14　库面板

"库"面板由两部分组成，上面用于显示元素，下面用于显示元素的名称。也可以通过库下方的功能按钮对"库"面板元素进行修改、设置和删除。

2.1.2.7　其他面板

面板用于处理对象、颜色、文本、实例、帧、场景和整个文档。例如，使用混色器创建颜色，并使用对齐面板将对象彼此对齐或与舞台对齐。要查看 Flash 中可用面板的完整列表，可查看"窗口"菜单。

下面简单介绍一些常用面板。

（1）"混色器"面板如图 2.15 所示，主要用来调整和设置图形的颜色。

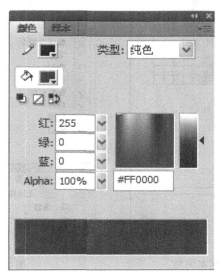

图 2.15　混色器面板

（2）"组件"面板如图 2.16 所示主，要用于在影片中插入组件。

图 2.16　组件面板

（3）"颜色样本"面板如图 2.17 所示，用于绘制图形时取色。

（4）"动作"面板如图 2.18 所示。"动作（Action）"机制基于本身语言—— ActionScript，用户掌握起来比较容易，短短几行脚本就能实现丰富的功能效果。用户利用这些动作可以制作出各种交互式效果，是编辑脚本语言最便捷的工具。

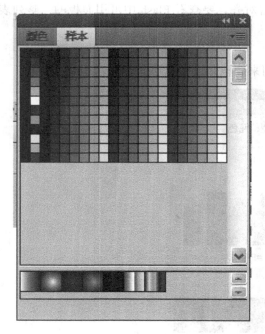

图 2.17　颜色样本面板　　　　　　　　　图 2.18　动作面板

2.1.3　Flash 软件操作基本设置

2.1.3.1　设置场景属性

一个 Flash 作品可以由若干场景组成，每一个场景都可以是一个完整的动画序列。在播放时，场景与场景之间可以通过交互响应进行切换，如果在播放 Flash 作品时没有交互切换，则 Flash 将自动按顺序播放。

（1）创建场景。

在 Flash 中创建场景可以通过两种方法实现：使用菜单命令添加场景；通过场景面板增加场景。

使用菜单添加场景，只需选择"插入"/"场景"命令，就可以添加一个新场景，并且自动切换到新场景中。

使用场景面板添加场景的方法也十分方便。首先执行"窗口"/"其他面板"/"场景"命令，弹出"场景"面板。在"场景"面板中单击"添加场景"按钮，则会在"场景"面板中出现新场景，这时当前场景也将自动切换到新场景。在"场景"面板中双击场景的名称，将出现一个方括号，在方括号内可以输入场景的名称，按回车键即可完成对场景的重命名。

（2）切换场景。

当创建的动画包含多个场景时，修改动画中的对象就需要在多个场景中来回切换。在 Flash 中一般有三种方法切换场景：

① 单击编辑栏右上角的"编辑场景"按钮。

② 在"场景"面板中选择所要编辑的场景。

③ 通过使用菜单命令来切换场景。首先选择"视图"/"转到"命令，在弹出的下拉菜单中选择所要切换的场景即可。

提示：当在文档中建立多个场景时，可以使用快捷键进行场景切换。按 Home 键转到第一个场景；按 End 键转到最后一个场景；按 Page Up 键转到上一个场景；按 Page Down 键转到下一个场景。

如果要调整场景在动画中的顺序，在"场景"面板中直接单击并拖动场景到合适的位置即可。

2.1.3.2 设置标尺和辅助线

标尺和辅助线能帮助用户精确绘图和进行文字处理。在 Flash 中，标尺一般出现在左侧和上方，单击"视图"/"标尺"命令或使用快捷键 Ctrl+Shift+Alt+R，可在显示和隐藏标尺之间切换，如图 2.19 所示。

当窗口中已经显示标尺时，用户可以从标尺处拖出水平辅助线和垂直辅助线到舞台中间某个位置后松开鼠标，则在相应位置画出水平或垂直辅助线，具体效果如图 2.20 所示。

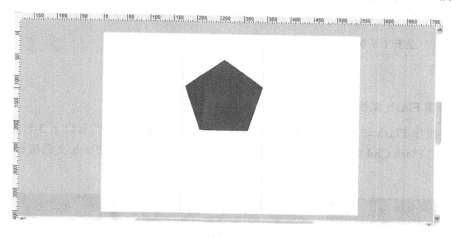

图 2.19　设置标尺

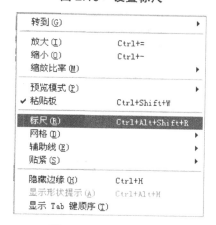

图 2.20　设置辅助线

2.1.3.3 设置网格

用户使用"网格"工具可以精确绘图和处理文本。如果在舞台上显示网格，就可以使对象与网格对齐，这样对象的放置更符合用户要求。选择菜单栏中的"视图"/"网格"/"显示网格"或使用快捷键"Ctrl+'"，可在显示和隐藏网格之间切换，如图 2.21 所示。

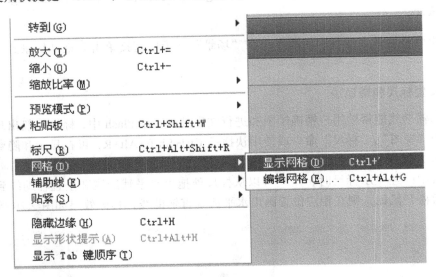

图 2.21 设置网格

2.1.3.4 新建 Flash 文档

用户在制作 Flash 动画之前必须新建 Flash 文档，新建 Flash 文档有以下 3 种方法：

（1）启动 Flash CS4 时，在欢迎界面的"新建"栏中单击相应的 Flash 文档按钮，如图 2.22 所示。

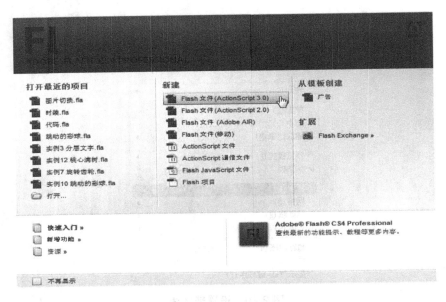

图 2.22

（2）在 Flash CS4 操作界面中，选择"文件"/"新建"命令或按"Ctrl+N"键，在"新建文档"对话框的"类型"列表框中选择相应的 Flash 文件选项，单击"确定"按钮，如图 2.23 所示。

（3）在"新建文档"对话框中选择"模板"选项卡，再在"类别"列表中选择模板类型，在"模板"列表框中选择模板样式，单击"确定"按钮，如图 2.24 所示。

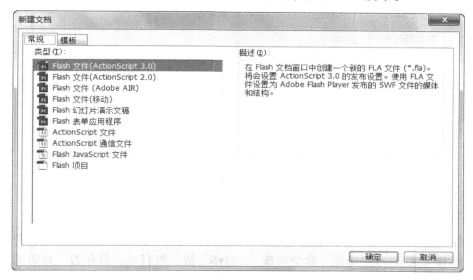

图 2.23

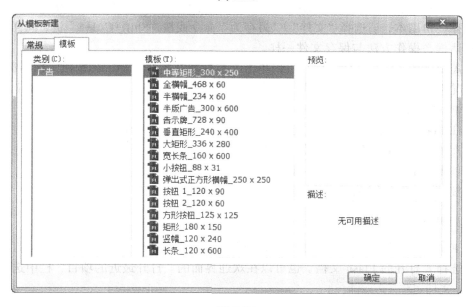

图 2.24

2.1.3.5　设置文档属性

选择"修改"/"文档"命令或按"Ctrl+J"键，或者按属性面板中的"大小"旁边的"编辑"按钮，将打开"文档属性"对话框，如图 2.25 所示。

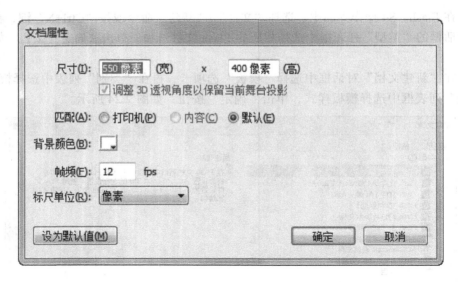

图 2.25

2.1.3.6 保存与关闭文档

在制作 Flash 动画时，为了防止突发事件导致文件丢失，需要经常保存文档。若第一次保存文件，选择"文件"/"保存"命令或按"Ctrl+S"键，将打开"另存为"对话框，此时选择保存位置，输入文件名，在"保存类型"下拉列表框中选择默认选项"Flash CS4 文档(<u>*.fla</u>)"，单击"保存"按钮就可完成文档的保存操作。以后再保存就不会弹出另存为对话框。若需要将文档保存一份副本，请选择"文件"/"另存为"命令或按"Shift+Ctrl+S"键，同样打开"另存为"对话框，操作方法与保存文件一样。

如果需要关闭 Flash 文档，用户可以单击文档标题右侧的 `未命名-1 ×` 按钮，在不退出 Flash CS4 的情况下，关闭某个 Flash 文档，其他文档仍存在。也可以退出 Flash CS4 环境，关闭所有打开的 Flash 文档。关闭 Flash CS4 的方法有以下几种：

（1）在 Flash CS4 操作界面中，选择"文件"/"退出"命令。

（2）在 Flash CS4 操作界面中按"Ctrl+Q"键。

（3）单击 Flash CS4 操作界面右上角的 × 按钮。

（4）按"Alt+F4"键关闭当前活动窗口。

2.1.3.7 打开文档

启动 Flash CS4 后，选择"文件"/"打开"命令或按"Ctrl+O"键，将弹出"打开"对话框，用户选择要打开的 Flash 文档。也可以在欢迎界面的"打开最近的项目"栏中选择最近编辑的 Flash 文档。

2.1.4 Flash 绘图工具

绘图是制作 Flash 动画的基本功。在"工具"面板中包括了各种绘图工具，如图 2.26 所示。用户灵活使用这些工具就可以绘制出任何 Flash 动画对象。

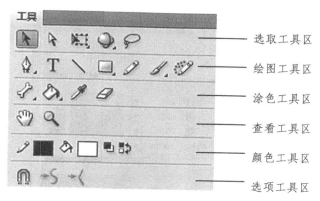

图 2.26

2.1.4.1 颜色工具区

颜色工具区有 4 个常用工具，从左侧开始依次为："笔触颜色""填充颜色""黑白"和"交换颜色"。

（1）笔触颜色。设置图形轮廓的颜色，单击该按钮会弹出"颜色选择器"，如图 2.27 所示。用户可以直接选择上面的颜色，也可以单击"#000000"位置，直接输入颜色的 RGB 值（共 6 位长度）；若单击右侧的☑按钮，表示轮廓线没有颜色。

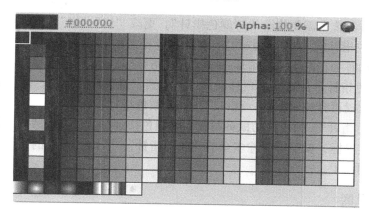

图 2.27　颜色选择器

（2）填充颜色。用来设置图形内部的填充颜色，单击该按钮也会弹出如图 2.27 所示"颜色选择器"，用户可设置合适的颜色；若单击右侧的☑按钮，表示没有填充色，即对象是透明的。设置了"笔触颜色"或"填充颜色"后，若舞台中有选中的图形，则其颜色将发生变化。在绘制新的图形或修改图形的填充颜色时，用户可以先设置"笔触颜色"和"填充颜色"，再选择绘图工具或填充工具进行操作，也可以反过来操作。

（3）黑白。设置笔触颜色为黑色，填充色为白色。

（4）交换颜色。单击该按钮可以将目前的笔触颜色和填充颜色互换。

（5）"颜色"面板的操作。用户也可以选择"窗口"/"颜色"菜单命令或按快捷键"Shift+F9"，此时将打开颜色面板，在里面设置"笔触颜色"和"填充颜色"。该面板的主要功能是设置渐变色，如图 2.28 所示。

图 2.28　颜色面板

用户先单击左上部的"笔触颜色"按钮或"填充颜色"按钮，确定设置哪部分颜色；再单击类型下拉列表框选择类型（其中"无"表示没有颜色，"纯色"表示单一颜色，"线性"或"放射状"表示渐变色的方式，此时下方会出现渐变条）。如图 2.28 所示表示设置"填充颜色"，类型选择"线性"，渐变条下方左侧的"颜色指针"表示起始颜色，右侧的"颜色指针"表示最后颜色，中间的过渡颜色由系统自动给出。

① 修改"颜色指针"的颜色。双击"颜色指针"，会弹出"颜色选择器"，用户可选择适当的颜色；或者单击选中需要修改的"颜色指针"，更改"红""绿""蓝"后面的数值。

② 增加"颜色指针"。用户将鼠标指针移动到渐变条的下方，在鼠标指针会变成 时，单击鼠标左键，此时会在渐变条上增加一个"颜色指针"。

③ 改变"颜色指针"位置。用户移动鼠标指针到"颜色指针"上，按住鼠标左键不动，拖动鼠标到合适位置再释放鼠标键，就可以改变"颜色指针"位置。

④ 删除"颜色指针"。用户移动鼠标指针到"颜色指针"上，按住鼠标左键不动，拖动鼠标向下移动，释放鼠标，就能够删除多余的"颜色指针"。若渐变条上的"颜色指针"只剩两个时，就不能再删除了。

2.1.4.2　选项工具区

选项工具中的内容不是一成不变的，它会随着选择不同的工具而变化，以便对用户所选择的工具做进一步的设置或选择。

2.1.4.3　查看工具区

查看工具区包含两个工具：手形工具和缩放工具。

① 手形工具。单击鼠标选择该工具后，"选项工具"中就没有内容了。将鼠标移动到"舞台"上，当鼠标光标变成"手"形状时，按住鼠标左键，拖动舞台移动到合适位置。

② 缩放工具。单击鼠标选择该工具后，"选项工具"中就会出现"放大"和"缩小"两个工具，再选择其中一个。将鼠标移动到舞台上，单击鼠标就可以放大或缩小画面。

2.1.4.4　绘图工具区

Flash 图形绘制有两种绘图模式：

◇ "合并绘制"模式 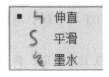：当多个图形重叠时，它们自动合并，上方的图形在编辑时会永久地改变其下方的图形。

◇ "对象绘制"模式 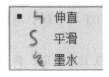：绘制出的图形独立于其他图形，当多个图形重叠时，每个图形可独立编辑，而不会影响其他图形。

当选择了某种绘图工具（例如"线条工具"）时，选项工具中会出现"对象绘制"按钮，用户单击该按钮，就可以在这两种绘图模式中切换。

（1）线条工具 。用户用鼠标选中线条工具后，可以在"属性"面板中对线条的"颜色""笔触""样式""缩放"以及"端点"和"接合"等进行设置，如图 2.29 所示。

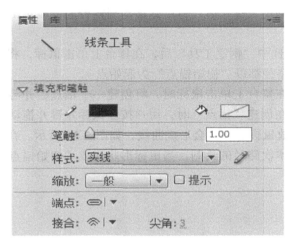

图 2.29

用户将鼠标移动到舞台中，当鼠标光标变成"+"时，按住鼠标左键不放，拖动鼠标移动，然后释放鼠标键，就可以绘制一条直线。如果在绘制线条的同时按住"Shift"键，可以绘制出水平、垂直或成45°的直线。

（2）铅笔工具 。当用户选中该工具后，在"选项工具区"会出现"铅笔模式"按钮 ，点击该按钮，会出现如图 2.30 所示的三种绘制模式。

图 2.30　铅笔工具的绘制模式

·伸直模式：用于绘制规则的线条，该模式下的线条较尖锐。若线条接近于直线，则自动将该线段变成直线。

·平滑模式：适用于绘制平滑的线条，使原本不易平滑的曲线变得平滑。

·墨水模式：画出来的线条就是指针经过的轨迹，是最接近徒手绘制的线条样式。

同"线条工具"一样，铅笔工具也可以在"属性"面板中对线条进行设置。将鼠标移动到舞台中，当鼠标光标变成 时，按住鼠标左键不放，拖动鼠标移动，然后释放鼠标键，就可以绘制任意形状的线条。

（3）钢笔工具 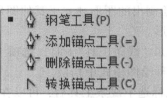。钢笔工具用于创建比较复杂、精确的曲线。该工具右下角有一个黑色的三角形折叠图标，表示它是一个工具组，展开它可以选择其中的工具以供使用，如图 2.31 所示。

图 2.31　展开后的钢笔工具

用户选择不同的"钢笔工具"后，将鼠标移动到舞台上会显示出不同的形状，它们代表着不同的含义。

● 初始锚点 ：选中"钢笔工具"后，在舞台上单击鼠标，将创建初始锚点，它表示新路径的开始（所有新路径都以"初始锚点"为起始点）。

● 连续锚点 ：在舞台上单击鼠标时，将创建一个锚点，并与前一个创建的"锚点"相连形成直线或曲线。在创建"锚点"时，用户按住鼠标左键并拖动鼠标，此时产生调整方向线，在合适的位置释放鼠标键，就会形成曲线，如图 2.32 所示。在创建最后一个"锚点"时双击鼠标左键，完成本次路径的绘制。当鼠标形状变成"初始锚点"状态时，可开始下一个路径的绘制。

图 2.32

● 闭合路径 ：正在绘制路径时，将鼠标移动到同一路径的起始锚点时，鼠标会出现这种形状，单击鼠标可完成闭合路径的绘制。当鼠标形状变成"初始锚点"状态时，可开始下一个路径的绘制。

● 添加锚点 ：选择"添加锚点工具"后，在舞台上现有的"线"上面单击鼠标将添加一个锚点。

● 删除锚点 ：选择"删除锚点工具"后，将鼠标移动到舞台中的"锚点"上面，单击鼠标将删除一个锚点。

● 转换锚点 ：选择"转换锚点工具"后，将鼠标移动到舞台中的"锚点"上面，按住鼠标左键，拖动鼠标，会改变"锚点"两边线的形状，如图 2.33 所示。也可以修改调整方向线，改变"锚点"一侧的形状。

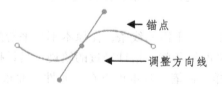

图 2.33

（4）矩形工具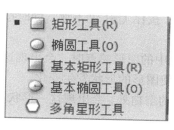。矩形工具也是一个工具组，展开后如图 2.34 所示。用户选择相应的工具后，可通过"属性"面板进行设置。选择合适的"笔触颜色"和"填充颜色"，将鼠标移动到舞台上，当鼠标光标变成十时，按住鼠标左键不放，拖动鼠标移动，然后释放鼠标键，就可以绘制出相应的形状。如果在绘制"矩形"或"椭圆"的同时，按住 Shift 键，将绘制"正方形"或"正圆"。

图 2.34 矩形工具组

（5）文本工具 **T**。文本工具用来输入文字。选择文本工具后，在"属性"面板中可设置字体和段落等。将鼠标移动到舞台中，当鼠标的形状变成十时，在合适的位置单击鼠标，会出现文本框，此时可输入文字。选择"修改/分离"菜单命令或按"Ctrl+B"键，将整体文本打散成为单个文字的形式；再按一次"分离"命令，可将文字打散成矢量图形，即与字体无关。

2.1.4.5 涂色工作区

（1）颜料桶工具。该工具组下有两个工具：颜料桶工具和墨水瓶工具。

① 颜料桶工具：用于填充一个相对封闭区域的颜色。选择该工具后，再选择合适的"填充颜色"，将鼠标移动到要填充的封闭区域上，单击鼠标可完成填充。

选择"颜料桶工具"后，在"选项工具区"会出现"空隙大小"按钮，点击它从中选择合适的功能。

② 墨水瓶工具：用于改变线条的颜色和样式或为没有边界的填充区域添加线条。选择墨水瓶工具后，在"属性"面板中可设置边框的颜色和样式，再点击舞台上图像的任何地方，即可修改图形的边界。

（2）橡皮擦工具。用于擦除图形，进行细微地修正。用户选择橡皮擦工具后，按住鼠标左键拖动鼠标，此时鼠标所经过区域的图形将被擦除。

2.1.4.6 选择工作区

这里主要掌握"选取工具"、"部分选取工具"、"任意变形工具"和"渐变变形工具"。其中"任意变形工具"和"渐变变形工具"放在一个工具组中。

若用户要对图形进行编辑操作，必须先选中图形，才能对选中的图形进行移动、复制、删除、缩放和旋转等操作。选中对象的方法有两种：

◇ 点击法：点击合适的工具后，再点击对象，此时被点击的对象将被选取，按下 Shift 键可同时选择多个对象。

◇ 框选法：点击合适的工具后，在舞台上按住鼠标左键拖出一个选择框，释放鼠标左键后，位于鼠标拖动所划过的矩形范围内的对象将被选中。

（1）选取工具。通常用于选取、移动舞台中的各种对象或修改图形。选择"选取工具"后，将鼠标移动到舞台中图形上的不同位置时，会显示出不同的鼠标形状，它们代表不同的含义。

● ⊹：将鼠标移动到对象上时，会出现这一形状，单击鼠标左键，可以选中对象；按住鼠标左键不放，拖动鼠标，可以移动选中的对象。按住 Shift 键不放，拖动鼠标，会沿着水平、垂直或 45°方向移动对象；按住 Alt 键不放，拖动鼠标，会复制对象。

● ᐟ⌒：将鼠标移动到未选中的图形边线上时，会出现这一形状，按住鼠标左键不放，拖动鼠标，可以改变线段的形状；按住 Ctrl 键不放，同时按住鼠标左键，拖动鼠标，可以将一条线折成两段。

● ᐟ」：将鼠标移动到未选中的图形端点时，会出现这一形状，按住鼠标左键不放，拖动鼠标，可以改变端点的位置，使图形的形状发生变化。

● ᐟ□：将鼠标移动到舞台的空白处，会出现这一形状，可以按住鼠标左键不放，以"框选"对象。

（2）部分选取工具。用于对舞台中的各种对象的线条节点进行编辑。这里的部分选取是指使用该工具只能选取图形的边框，并显示边框的节点，通过对节点的移动来改变图形的形状。选择该工具后，也会出现不同的鼠标形状。

● ᐟ▪：将鼠标移动到图形的边框上时，会出现这一形状，它的含义与"选取工具"的 ᐟ⊹ 鼠标形状一样。

● ᐟ。：将鼠标移动到图形的节点上时，会出现这一形状，按住鼠标左键不放，拖动鼠标，可以改变节点的位置，使图形的形状发生变化。

● ᐟ：这是"框选"对象的鼠标形状，可以选取对象。

（3）任意变形工具。用于对选择的对象进行各种变形，包括旋转、缩放、倾斜、扭曲以及封套。选择"任意变形工具"后，会出现"选取工具"中 4 种鼠标形状，其操作方式和含义都是一样的。此外，在选中对象后，四周会出现 8 个控制点，将鼠标移动到对象上进行变形操作时，还会出现各种各样的鼠标形状。

① 旋转。将鼠标移动到任意的一个边角控制点稍外边一点，且鼠标光标发生变化时，按住鼠标左键不动，拖动鼠标，可以进行旋转操作，如图 2.35（a）所示。

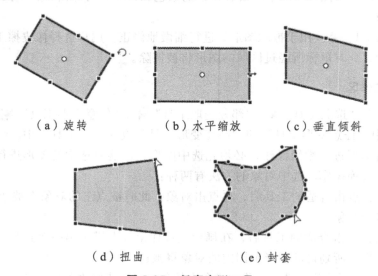

（a）旋转　　　　　（b）水平缩放　　　　　（c）垂直倾斜

（d）扭曲　　　　　（e）封套

图 2.35　任意变形工具

②缩放。将鼠标移动到任意一个控制点上时，当鼠标光标变成"双箭头线"时，按住鼠标拖动，可以实现水平、垂直和等比缩放，如图 2.35（b）所示。

③倾斜。将鼠标移动到任意一条边线上时，拖动鼠标，可实现水平或垂直方向的倾斜，如图 2.35（c）所示。

④扭曲。在"选项工具区"中点击选中"扭曲"按钮 ，将鼠标移动到任意一个控制点上，拖动鼠标，可实现图形的扭曲操作，如图 2.35（d）所示。

⑤封套。在"选项工具区"中点击选中"封套"按钮 ，此时选中的对象四周会出现多个圆形控制点，将鼠标移动到任意一个控制点上，拖动鼠标，可实现图形的封套操作，如图 2.35（e）所示。

（4）渐变变形工具。用于对填充了渐变颜色的图形进行颜色渐变方式的编辑。选取"渐变变形工具"，将鼠标移动到舞台上，当鼠标形状变成 时，点击鼠标选中图形，将鼠标移动到控制点上，拖动鼠标，可实现颜色渐变方式的改变，如图 2.36 所示。

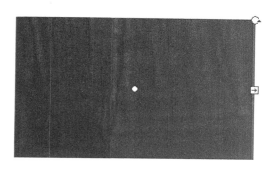

图 2.36　颜色渐变方式

2.2　帧的概念

2.2.1　帧的类型

动画是由一幅幅画面连续播放而成的。动画中的单幅画面被称为帧，它是形成动画的基本单位，在时间轴上的每一小格代表一帧。不同的帧对应动画的不同时刻，将组成动画的帧连续播放就形成了动画。

帧有以下几种类型：

（1）关键帧。

关键帧是动画变化的关键点。在某一时刻需要定义对象的某种新状态，这个时刻所对应的帧称为关键帧。在时间轴上关键帧用黑色实心圆点表示。

（2）普通帧。

普通帧也叫静止帧，是对它前面最邻近的关键帧的延续。普通帧中显示的内容与它前面最邻近的关键帧是一样的。对上面所绘制对象的修改，实际上就是对其邻近关键帧的修改。

（3）空白关键帧。

空白关键帧是关键帧的一种，它没有任何内容，在时间轴上显示为空心小圆点。

若前一个关键帧为空白关键帧，则其后面的静止帧都为空白帧。在时间轴上，有内容的普通帧显示为灰色方格，空白帧显示为白色方格。

（4）中间过渡帧。

中间过渡帧出现在设置了动画效果的两个关键帧之间，能够显示动画效果的中间变化状态。根据设置的动画效果不同，中间过渡帧会用不同的颜色来表示。

2.2.2 帧的创建

帧的创建方法有三种：右键菜单创建、插入菜单创建、快捷键创建。其中右键菜单创建如图 2.37 所示，插入菜单创建如图 2.38 所示。

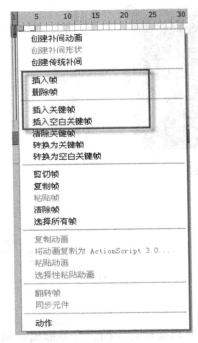

图 2.37　右键菜单创建　　　　　　　图 2.38　插入菜单创建

2.2.2.1　创建关键帧

在时间轴面板中需要插入帧的位置，执行如下操作：

（1）按 F6 键插入关键帧。

（2）单击鼠标右键，在快捷菜单中选择"插入关键帧"命令。

（3）选择菜单"插入"/"时间轴"/"关键帧"命令。

2.2.2.2　创建空白关键帧

在时间轴面板中需要插入空白关键帧的位置，执行如下操作：

（1）按 F7 键插入空白关键帧。

（2）单击鼠标右键，在快捷菜单中选择"插入空白关键帧"命令。

（3）选择菜单"插入"/"时间轴"/"空白关键帧"命令。

2.2.2.3　延长关键帧或空白关键帧

在时间轴面板中需要延长关键帧和空白关键帧的位置，执行如下操作：

（1）按 F5 键延长关键帧或空白关键帧。

（2）单击鼠标右键，在快捷菜单中选择"插入帧"命令。

（3）选择菜单"插入"/"时间轴"/"帧"命令。

2.2.3　帧的编辑

2.2.3.1　帧的选择与移动

（1）选择单帧。用鼠标单击时间轴上帧的位置，则帧上所绘制的对象全部被选择，如图 2.39 所示。

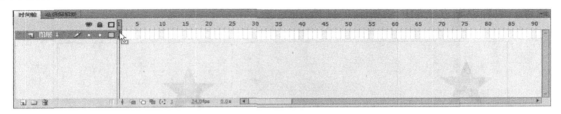

图 2.39　选择单帧

（2）选择多个帧。按住"Shift"键的同时用鼠标左键分别单击所要的两帧，其间的所有帧均被选中，如图 2.40 所示。

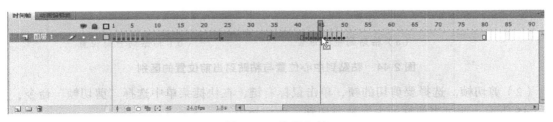

图 2.40　选择多帧

（3）移动单帧与多帧。选择单帧与多帧，再按住鼠标并拖动到新的位置，如图 2.41 所示。

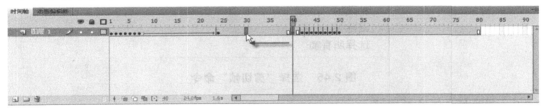

图 2.41　选择第 40 帧并拖动到第 30 帧的位置

2.2.3.2　帧的复制与剪切

（1）复制帧。选择要复制的帧，单击鼠标右键，在快捷菜单中选择"复制帧"命令，如图 2.42 所示。在时间轴上的目标位置单击右键，选择"粘贴帧"命令，如图 2.43 所示。

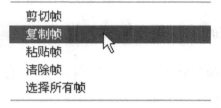 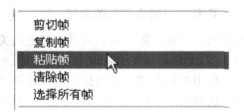

图 2.42　鼠标右键"复制帧"命令　　　　图 2.43　鼠标右键"粘贴帧"命令

提示："复制帧"命令可以按"Ctrl+C"键进行帧的复制。

"粘贴帧"命令有两种方法：
① 可以按"Ctrl+V"键进行帧的粘贴，该操作将粘贴到中心位置。
② 可以按"Ctrl+Shift+V"键将帧粘贴到当前位置，该操作可以把之前复制的图形粘贴到原位置。两种粘贴方法的区别如图 2.44 所示。

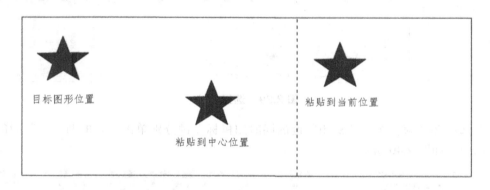

（a）粘贴到中心位置　　　　　　（b）粘贴到当前位置

图 2.44　粘贴到中心位置与粘贴到当前位置的区别

（2）剪切帧。选择要剪切的帧，单击鼠标右键，在快捷菜单中选择"剪切帧"命令，如图 2.45 所示。此时当前帧的内容被剪切到了剪切板中。

图 2.45　选择"剪切帧"命令

2.2.3.3　清除帧与清除关键帧

清除帧与清除关键帧看似相同，两者却有一些区别，如图 2.46 所示。

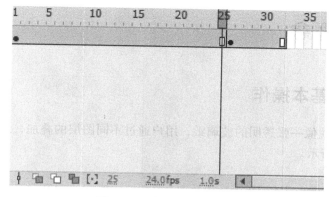

图 2.46　关键帧与普通帧

（1）清除帧：按组合键"Shift+F5"可删除普通帧。此操作同样可以删除关键帧与空白关键帧，用户也可通过鼠标右键在快捷菜单中选择"删除帧"命令，如图 2.47 所示。清除了第25 帧的普通帧后，位于第 26 帧的关键帧就取代了普通帧的位置。

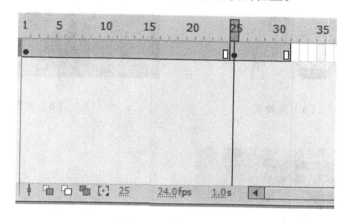

图 2.47　清除普通帧

（2）清除关键帧：按组合键"Shift+F6"删除关键帧。此操作同样可以删除空白关键帧，但对普通帧无效，如图 2.48 所示。

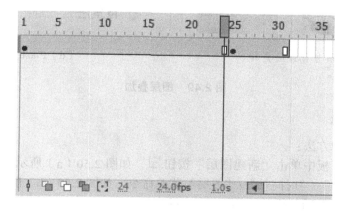

图 2.48　清除关键帧命令不适用于清除普通帧

2.3 图层的概念

2.3.1 图层的基本操作

Flash 中的图层就像一张透明的玻璃纸，用户通过不同图层的叠加，最终形成了完整的动画画面，如图 2.49 所示。

（a）人物层

（b）背景层

（c）人物层与背景层叠加

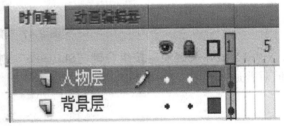

（d）Flash 图层结构

图 2.49　图层叠加

2.3.1.1 图层的创建

创建图层有 3 种方法：

（1）在时间轴面板中单击"新建图层"按钮 ，如图 2.50（a）所示。

（2）选择"插入"/"时间轴"/"图层"菜单命令，如图 2.50（b）所示。

（3）在"时间轴"面板中的图层上单击鼠标右键，在其快捷菜单中选择"插入图层"命令，如图 2.50（c）所示。

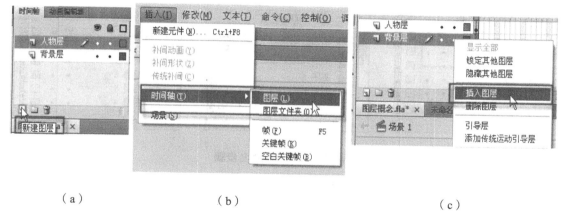

（a） （b） （c）

图 2.50　创建图层的 3 种方法

2.3.1.2　图层的删除

删除图层有两种方法：

（1）选择要删除的图层，在时间轴面板中单击"删除图层"按钮🗑，如图 2.51（a）所示。

（2）选择要删除的图层，单击鼠标右键，在其快捷菜单中选择"删除图层"命令，如图 2.51（b）所示。

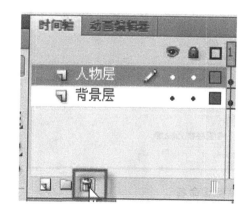

（a） （b）

图 2.51　删除图层的两种方法

2.3.1.3　图层的重命名

在 Flash 动画的制作中，一两个图层一般不能满足制作需要，因此需要更多的图层，这就涉及图层管理问题了。第一步就是为图层重命名，有两种方法：

（1）双击要重命名的图层，当图层名变为可编辑时，输入新名即可，如图 2.52 所示。

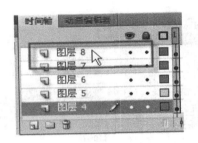  

图 2.52　图层重命名步骤

（2）单击鼠标右键，在其快捷菜单中选择"属性"命令，弹出"图层属性"对话框，如图 2.53 所示。

 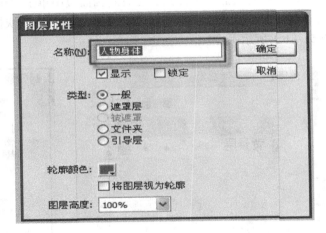

图 2.53　通过"图层属性"对话框重命名

2.3.1.4　图层的排列

在动画制作中，经常会改变图层的排列顺序。改变图层的顺序，只需在"时间轴"面板上用鼠标拖动图层到相应的位置即可，如图 2.54 所示。

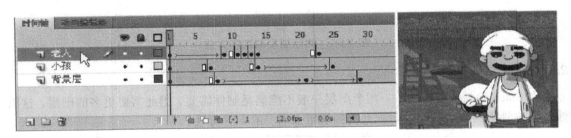

（a）更改图层排列前的效果（老人在小孩上面）

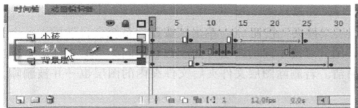

（b）更改图层排列后的效果（老在小孩下面）

图 2.54　更改图层排列前后对比效果

2.3.1.5　图层的隐藏、显示与图层轮廓

在图层面板上方有 3 个小图标，分别是"显示/隐藏图层"按钮，"锁定/解除锁定图层"按钮和"显示图层轮廓"按钮，如图 2.55 所示。

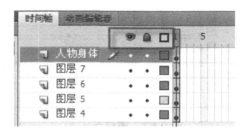

图 2.55　位于图层上方的 3 种功能按钮

"显示/隐藏图层"按钮 👁：为了方便用户操作，Flash 提供了显示/隐藏图层的功能。单击图层中第一个实心小圆点，该图层内容被隐藏；再次单击该按钮，图层内容就会显示。直接单击 👁 按钮，将隐藏所有图层。再次单击，则会显示所有图层，如图 2.56（a）所示。

"锁定/解除锁定图层"按钮 🔒：在动画制作中，有一些图层不需要编辑，这时为了防止误操作，就需要将图层锁定。单击图层中第二个实心小圆点，该图层就被锁定，此时实心小圆点变为小锁标志；再次单击，则解除锁定；直接单击 🔒 按钮，则所有图层将被锁定，如图 2.56（b）所示。

"显示图层轮廓"按钮 □：该按钮能将该层图形以线条的方式显示，可以清晰地看到下一层的图形。每一层都有不同的轮廓颜色，也可以根据需要对颜色进行编辑。只要单击图层中轮廓按钮标志，该层就以线条的方式显示了，如图 2.56（c）所示。

（a）隐藏图层　　　　　　　（b）锁定图层　　　　　　（c）显示图层轮廓

图 2.56　图层的隐藏、锁定与图层轮廓

2.3.1.6 图层文件夹

位于图层下方有个"插入图层文件夹"按钮 ，单击该按钮后系统会自动插入一个图层文件夹。通过建立图层文件夹，用户可使不同的图层分类放置到不同类型的文件夹中，这样便于使用和管理，也使界面更简洁。若删除图层文件夹后文件夹内的图层也一并被删除，如图 2.57 所示。

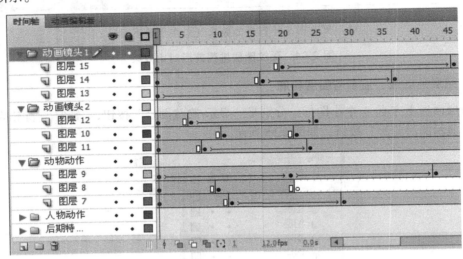

图 2.57　图层文件夹

2.3.2　引导层与遮罩层

2.3.2.1　引导层

引导层在动画制作中起到引导物体运动路径的作用。

（1）在图层上点击鼠标右键，在弹出的快捷菜单中选择"添加传统运动引导层"命令，可添加运动引导层到需要引导的图层上方，如图 2.58 所示。

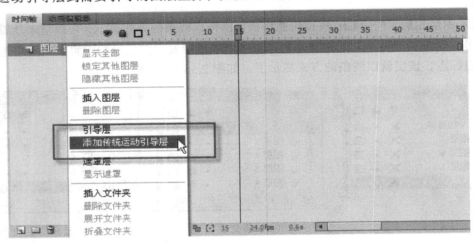

图 2.58　添加传统运动引导层

（2）在传统运动引导层中绘制引导路线，如图 2.59 所示。

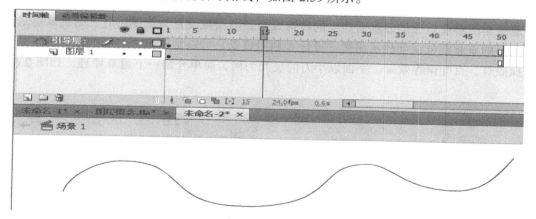

图 2.59　绘制引导路线

（3）对图层 1 中的图形按"Ctrl+G"键组合一下，在第 1 关键帧中将图形放置在引导线一端，在第 50 关键帧中将图形放置另一端，如图 2.60 所示。

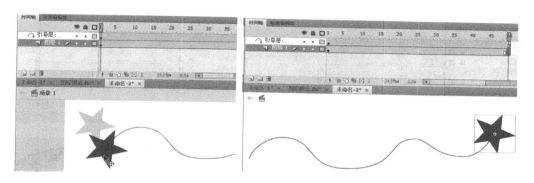

图 2.60　第 1 关键帧和第 50 关键帧图形的位置

（4）在图层 1 上单击鼠标右键，在弹出的快捷菜单中选择"创建传统补间"命令，执行后拖动时间线，则红色五角星将沿着路径线进行运动，如图 2.61 所示。

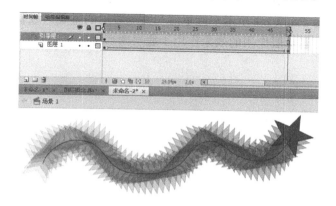

图 2.61　五角星沿着路径曲线运动

2.3.2.2 遮罩层

遮罩是图形前后叠加显示而产生的特殊效果。图层被设置为遮罩层后，则遮罩层图形与下层图形的重叠部分就会显示出来。设计者利用遮罩，可以制作出一些特殊效果，如文字遮罩、探照灯、百叶窗等效果。下面以小刀的反光为例，简单介绍一下遮罩原理，如图2.62所示。

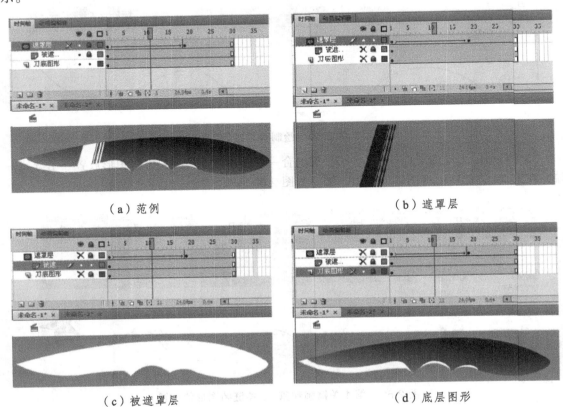

（a）范例　　　　　　　　　　　　　（b）遮罩层

（c）被遮罩层　　　　　　　　　　　（d）底层图形

图 2.62　遮罩原理

小刀的反光为白色，被遮罩的图形就应为白色，如图2.62（c）所示。遮罩层的图形形状决定反光的形状，如图2.62（b）所示。遮罩层与被遮罩层的重叠区域就是刀的反光区域，刀底图形层是刀的实体，遮罩层作用的效果作用于底层图形上，于是就看到了如图2.62（a）所示的效果。

2.4　元　件

2.4.1　元件的类型

元件是一种可重复使用的图形、按钮或影片剪辑等对象。元件只需创建一次，就可以重复使用。元件在创作或运行时可以作为共享库资源在文档间共享。对于一个具有大量重复元素的动画来说，使用元件可减少大量重复性的工作，共享劳动成果。Flash 中元件有图形、按钮、影片剪辑 3 种，不同的元件类型可产生不同的交互效果，因此利用元件能创建丰富多彩的动画。

图形元件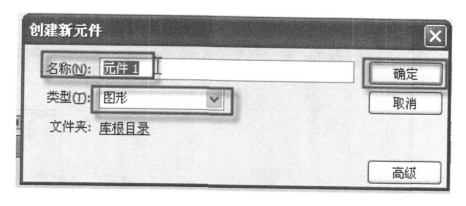：图形元件是可反复使用的图形，其可以是只含一帧的静止图片，也可以制作成由多个帧组成的动画。图形元件是制作动画的基本元素之一，但它不能添加交互、行为和声音控制。

按钮元件：按钮元件用于创建动画的交互控制，它共有 4 帧，分别是弹起状态、指针经过状态、按下状态和点击状态。其中前 3 种状态是按钮在相关情况下的不同显示，而最后的点击状态在影片输出后起到了限定鼠标区域的作用，并不显示出来。可以分别在按钮的不同状态上创建内容，可以是静止图形，也可以是动画或影片，还可以给按钮添加事件的交互动作，使按钮具有交互功能。

影片剪辑元件：它是功能最多的元件，可以包含交互式控制、声音和其他影片剪辑元件。在"时间轴"上影片剪辑元件不能同步播放。

2.4.2　创建元件

2.4.2.1　创建图形元件

（1）执行"文档"/"新建"命令（或按快捷键"Ctrl+N"）新建一个 Flash 文档。

（2）执行"插入"/"新建元件"命令（或按快捷键"Ctrl+F8"），弹出"创建新元件"对话框。

（3）在对话框中输入新名称，"类型"选择"图形"，单击"确定"按钮，如图 2.63 所示。

图 2.63　"创建新元件"对话框

（4）自动进入"图形"编辑界面，开始图形绘制。"图形元件 1"被自动载入到了"元件库"中（可按快捷键"Ctrl+L"打开），如图 2.64 所示。

（5）单击时间轴上的场景名称"场景 1"，返回"场景"工作区，如图 2.65 所示。

（6）返回到工作区后，把"元件库"中的"图形元件"拖放到舞台中，如图 2.66 所示。

图 2.64　图形元件

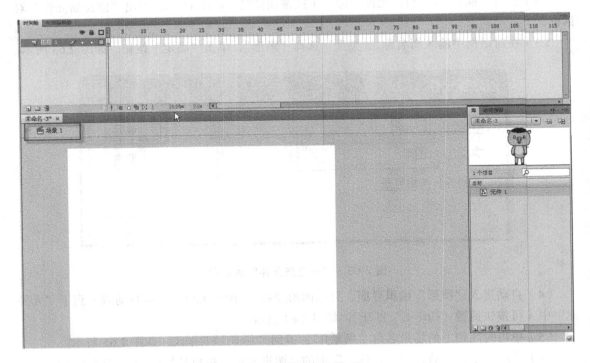

图 2.65　返回"场景 1"

图 2.66　"图形元件"拖放到舞台

2.4.2.2　创建按钮元件

（1）新建 Flash 文档。

（2）执行"插入"/"新建元件"命令，弹出"创建新元件"对话框。

（3）在对话框中输入新名称，"类型"选择"按钮"，单击"确定"按钮，如图 2.67 所示。

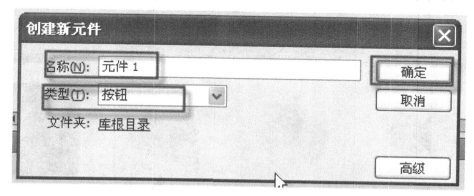

图 2.67　"创建新元件"对话框

（4）自动进入"按钮"编辑界面，如图 2.68 所示。按钮图层分为 4 个状态，分别是弹起、指针经过、按下和点击。

弹起：鼠标指针不接触按钮的正常状态，在该帧可以绘制各种图形和加入影片剪辑。

指针经过：鼠标指针移动到按钮上的状态。该帧可以绘制各种图形和加入影片剪辑。

按下：鼠标指针移动到按钮上并按下鼠标左键的状态。该帧可以绘制各种图形和加入影片剪辑。

点击：鼠标指针有效的点击区域。定义了鼠标接触按钮的活动范围。

图 2.68   "按钮"编辑界面

（5）绘制"按钮"图形，并分别改变各种状态下的颜色，如图 2.69 所示。

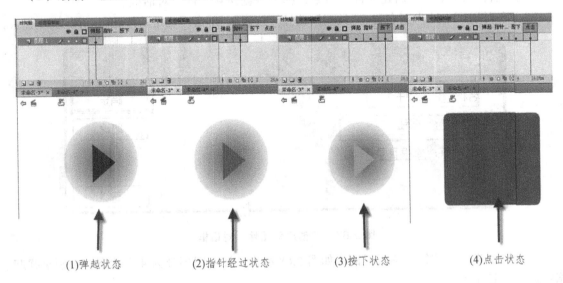

(1)弹起状态   (2)指针经过状态   (3)按下状态   (4)点击状态

图 2.69   按钮的四种状态

（6）返回到工作区，把"按钮1"拖放到舞台中，并进行测试（按快捷键"Ctrl+Enter"），其效果如图2.70所示。

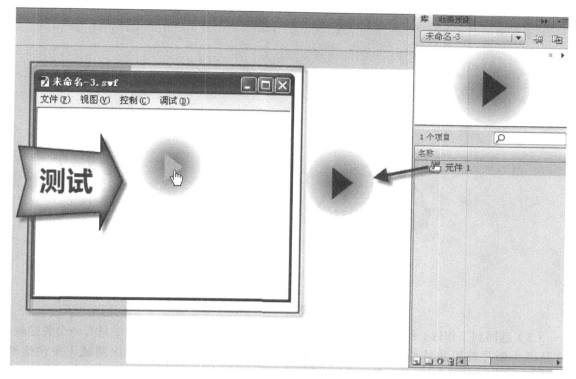

图 2.70　把按钮拖放到场景测试

2.4.2.3　创建影片剪辑元件

（1）新建 Flash 文档。

（2）执行"插入"/"新建元件"命令，弹出"创建新元件"对话框。

（3）在对话框中输入新名称，"类型"选择"影片剪辑"，单击"确定"按钮，如图 2.71 所示。

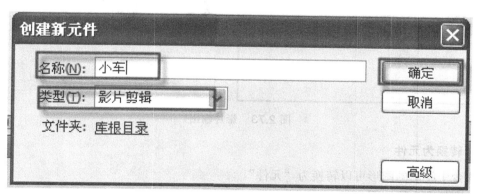

图 2.71　"创建新元件"对话框

（4）自动进入"影片剪辑"编辑界面，开始图形的绘制或动画制作，如图 2.72 所示。

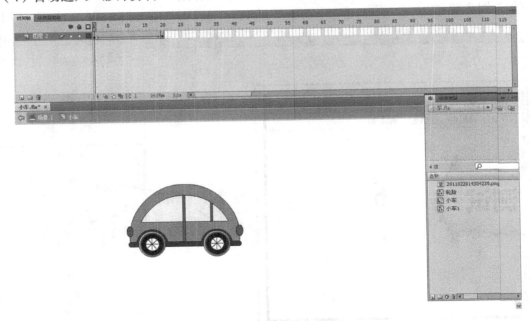

图 2.72　"影片剪辑"编辑界面

（5）返回到工作区，把"小车"影片剪辑元件拖放到舞台中，时间轴中只有一个关键帧，这是因为影片剪辑的特性是不受时间轴的限制而自动运动的，此时输出测试（按快捷键"Ctrl+Enter"），效果如图 2.73 所示。

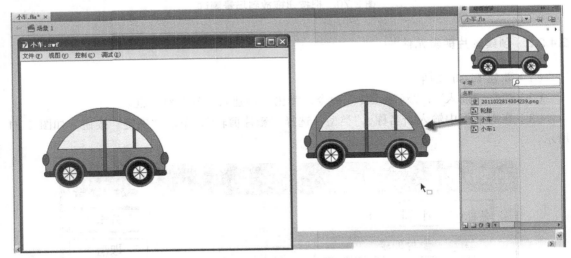

图 2.73　影片输出

2.4.2.4　转换为元件

在舞台中绘制的图形可以转换为"元件"。

（1）在舞台中绘制图形。

（2）用鼠标全选图形，如图 2.74 所示。

图 2.74　全选图形

（3）执行"修改"/"转换为元件"命令（或按快捷键 F8），弹出"转换为元件"对话框，如图 2.75 所示。

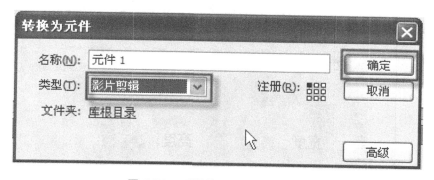

图 2.75　"转换为元件"对话框

（4）该图形已经转换为"影片剪辑"元件，如图 2.76 所示。

图 2.76　该图形已经转换为"影片剪辑"元件

2.4.3　元件的属性

在 Flash 动画制作中，需要随时对元件设置属性。

（1）选中一个图形元件实例。

（2）执行"窗口"/"属性"命令（或按快捷键"Ctrl+F3"），打开属性面板，如图 2.77 所示。

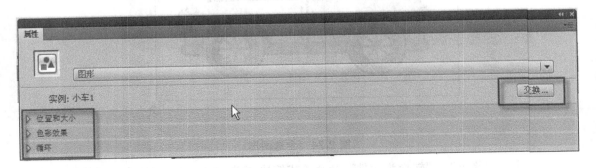

图 2.77　图形元件的属性

位置和大小：可以设置图形元件在舞台的 X、Y 坐标位置，以及宽度和高度比例大小，如图 2.78 所示。

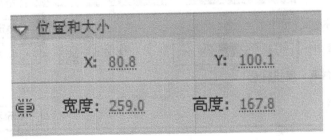

图 2.78　设置元件的位置和大小

色彩效果：包括"无""亮度""色调""高级""Alpha"5 个样式，如图 2.79 所示。"无"表示没任何效果；"亮度"可以更改元件的明暗程度；"色调"可以改变元件的颜色；"高级"可以改变元件的整体色调；"Alpha"可改变元件透明度。

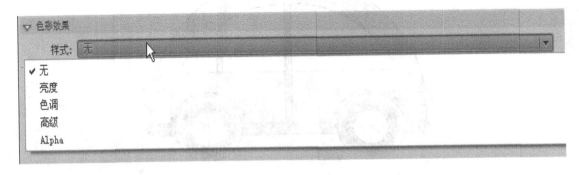

图 2.79　图形元件"色彩效果"属性

循环：包括"循环""播放一次""单帧"。其中"循环"表示图形元件循环播放；"播放一次"表示图形元件在播放一次后在最后一帧停止；"单帧"表示图形元件不播放，只显示第一帧，如图2.80所示。

图2.80　图形元件"循环"属性

交换：交换按钮可以将当前的元件交换为其他元件，如图2.81所示。

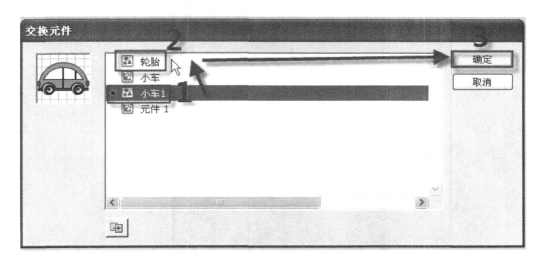

图2.81　交换元件操作步骤

最后要说明的是，相对于图形元件属性设置，影片剪辑元件属性、按钮元件属性设置有所不同，但大体参数设置基本一致。

2.4.4　元件库的使用

Flash动画中的图形元件、按钮元件、影片剪辑元件都存储在Flash的"库"中。

（1）新建Flash文档。

（2）执行"窗口"/"库"命令（或按快捷键"Ctrl+L"），打开库面板，如图2.82所示。

A："新建元件"按钮：单击该按钮，自动弹出"新建元件"对话框。

B："新建文件夹"按钮：单击该按钮，自动在"库"面板中建立"文件夹"，它可以用于不同元件的分类管理。

C："属性"按钮：单击该按钮，自动弹出"元件属性"对话框。

D："删除"按钮 🗑：选择元件，并单击该图标，元件自动被删除。

E："选项"菜单 ▤：单击该按钮，弹出选项菜单，可以对元件进行更详细的管理和设置。

F："固定当前库"按钮 📌：单击该按钮，进行不同的 Flash 文件之间的切换，而当前文件"库"不会随文件切换而改变。

G："新建库面板"按钮 📷：单击该按钮，自动弹出一个同样的"库"面板。

（3）制作中若需要使用元件，只需把元件从"库"中拖到舞台上即可。

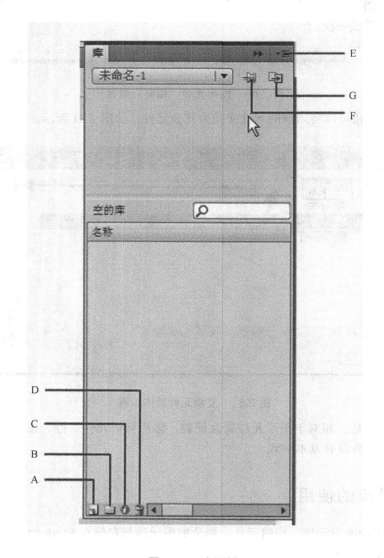

图 2.82　库面板

2.4.5　库的其他操作

在"文件"/"导入"菜单下，有"导入到库"和"打开外部库"两个命令，这两个命令在实际的动画制作中也是经常使用到的命令，如图 2.83 所示。

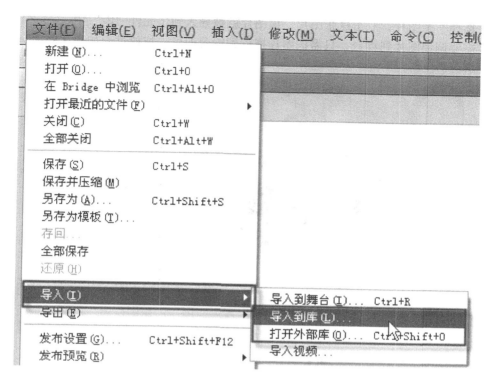

图 2.83 "导入到库"和"打开外部库"命令

1. 导入到库

（1）选择"导入到库"命令，如图 2.84 所示。在"文件类型"里有多种可以导入到 Flash 文件中的文件格式。

图 2.84 可以导入到库的"文件类型"

（2）选择一张图片，双击这张图片，该图片就被导入到了元件"库"中。

（3）需要调用图片到舞台，只需把图片拖放到舞台即可，拖放过程如图 2.85 所示。

图 2.85　　"拖放到舞台"过程

2. 打开外部库

（1）执行"文件"/"导入"/"打开外部库"命令。

（2）双击 Flash 文件，该 flash 文件的元件"库"将被打开，如图 2.86 所示。

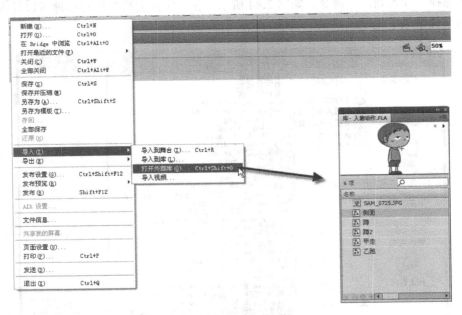

图 2.86　打开外部文件库

提示："打开外部库"命令打开的是外部 Flash 文件中的元件"库"，而不是 Flash 文件。

3

Flash 绘画实战

3.1　简单实例绘制实战

3.2　动画人物角色绘制实战

3.3　动画场景绘制实战

3.1　简单实例绘制实战

3.1.1　小苹果绘制实战

（1）执行"文件"／"新建"命令，新建一个 Flash 文档，如图 3.1 所示。单击"属性"面板上"属性"标签下的"编辑"按钮，在弹出的"文档属性"对话框中设置，如图 3.2 所示，单击"确定"按钮，完成"文档属性"对话框的设置。

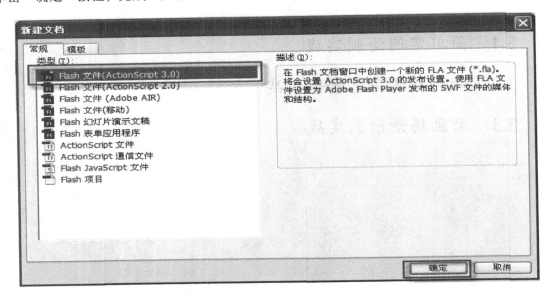

图 3.1　"新建文档"对话框一

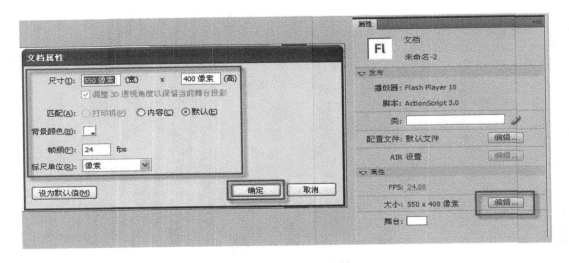

图 3.2　"新建文档"对话框二

（2）执行"插入"/"新建元件"命令，新建"名称"为"小苹果 1"的"图形"元件，如图 3.3 所示。单击工具箱中的"椭圆工具"按钮 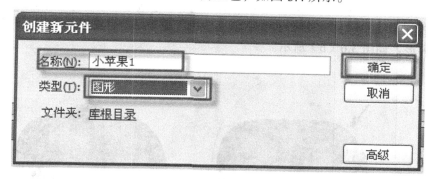，在"属性"面板上设置"笔触高度"为 1，"笔触颜色"为深红色，"填充颜色"为红色，如图 3.4 所示。

图 3.3　创建新元件

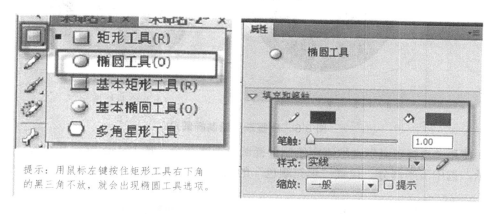

图 3.4　椭圆工具属性设置

（3）使用椭圆工具绘制好一个椭圆形后，可单击工具箱中的"部分选取工具" 按钮，以调整刚刚绘制的椭圆形。使用"选择工具" 选中图形，执行"窗口"/"颜色"命令，打开"颜色"面板，设置"填充颜色"/"放射状"渐变，如图 3.5 所示。

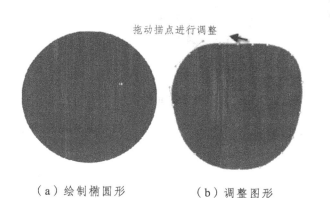

拖动描点进行调整

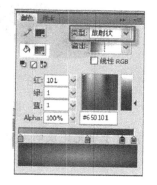

（a）绘制椭圆形　　　　（b）调整图形　　　　（c）设置"颜色面板"

图 3.5　绘制图形设置颜色

提示：绘制椭圆时，按住 Shift 键，可以绘制正圆形。绘制完成后可以通过修改"属性"面板上的"宽度"和"高度"的数值来调整其大小。

（4）单击工具箱中的"渐变变形工具"按钮 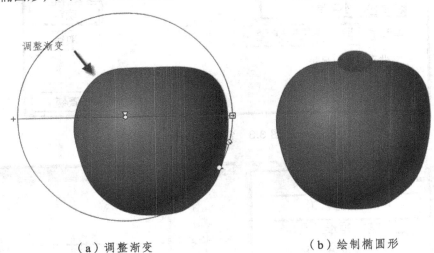，调整渐变的角度，如图 3.6（a）所示。新建"图层 2"，设置"笔触颜色"为无，"填充颜色"为深绿色，使用"椭圆工具"在场景中绘制一个椭圆形，如图 3.6（b）所示。

（a）调整渐变　　　　　　　　　　（b）绘制椭圆形

图 3.6　调整渐变绘制椭圆形

（5）使用"选择工具"选取刚刚绘制的椭圆形上半部分，按 Delete 键将其删除，如图 3.7（a）所示。选中下半部分，设置"填充颜色"的 Alpha 值为 40%，如图 3.7（b）所示。

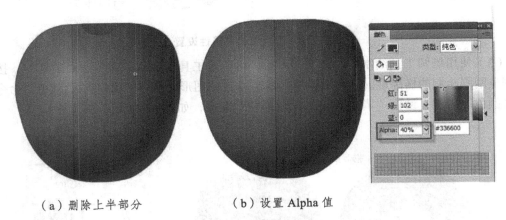

（a）删除上半部分　　　　　　（b）设置 Alpha 值

图 3.7　删除上半部分与设置 Alpha 值

提示：对于填充完成的渐变效果，可以使用"渐变变形工具"调整渐变的范围、角度等，以达到更自然的图形渐变效果。

（6）新建"图层 3"。使用"椭圆工具"，设置"笔触颜色"为无，"填充颜色"为橘黄色，在场景中绘制一个椭圆形，并使用"部分选取工具"对其进行调整，如图 3.8（a）所示。单击工具箱中的"矩形工具"按钮 ■，在"属性"面板上设置"笔触高度"为 3，"笔触颜色"

为灰色，"填充颜色"为黄色，"矩形边角半径"为8，如图 3.8（b）所示。

（a）绘制高光图形并调整　　　　　　　　（b）设置属性面板

图 3.8　绘制图形并调整和设置矩形属性

提示：使用"矩形工具"时，可以通过在"属性"面板上设置"矩形边角半径"值来绘制圆角矩形。可以将4个圆角的角度设置为不同的值，也可以设置相同的值。

（7）新建"图层4"。在场景中绘制一个圆角矩形，如图 3.9（a）所示。使用"选择工具"和"部分选取工具"对刚刚所绘制的圆角矩形进行调整，如图 3.9（b）所示。

（a）绘制圆角矩形　　　　　　　　　　（b）调整圆角矩形

图 3.9　绘制并调整圆角矩形

（8）选择刚刚绘制的图形，打开"颜色"面板，设置"填充颜色"为"线性"渐变色，如图 3.10（a）所示，其效果如图 3.10（b）所示。

（a）设置颜色面板　　　　　　　　　（b）填充渐变色

图 3.10　设置颜色填充

（9）新建"图层 5"。使用"椭圆工具"，在"属性"面板上设置"笔触高度"为 3，设置"笔触颜色""填充颜色"，在场景中绘制一个椭圆形，如图 3.11（a）所示。使用"转换锚点工具"  和"部分选取工具"对刚刚绘制的椭圆形进行调整，并对调整后的图形进行旋转并移至合适的位置，如图 3.11（b）所示。

（a）绘制椭圆形　　　　　　　　　（b）调整椭圆形

图 3.11　绘制叶子椭圆形并调整

提示：使用"转换锚点工具"单击椭圆形上的锚点，可以将该锚点转换为直角，再使用"部分选取工具"对该锚点的位置进行调整。

（10）选择刚刚绘制的图形，打开"颜色"面板，设置"填充颜色"为"线性"渐变，并填充，如图 3.12（a）所示，其效果如图 3.12（b）所示。

（a）设置颜色面板　　　　　　　　　（b）填充渐变色效果

图 3.12　设置渐变颜色

（11）新建"图层 6"。使用"椭圆工具"，设置"笔触颜色"为无，"填充颜色"为亮绿色，在场景中绘制一个椭圆形，如图 3.13 所示。用相同的绘制方法，可绘制其他颜色的苹果图形，如图 3.14 所示。

图 3.13　绘制叶子高光椭圆

图 3.14　绘制其他颜色的苹果

（12）单击"编辑栏"上的"场景 1"按钮，返回到"场景 1"的编辑状态，将刚绘制的不同颜色的苹果元件拖入到场景中，如图 3.15 所示。当完成苹果的绘制后，执行"文件"/"保存"命令保存文件。

图 3.15　将元件拖入到场景中

3.1.2　卡通表情绘制实战

（1）执行"文件"/"新建"命令，新建一个 Flash 文档，单击"属性"面板上的"编辑"按钮，在弹出的"文档属性"对话框中设置相关属性，如图 3.16 所示。单击"确定"按钮，完成设置。

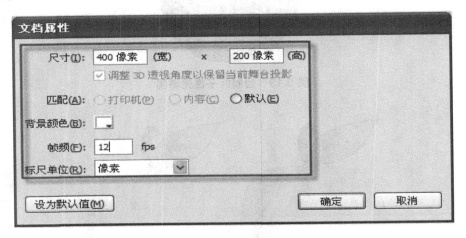

图 3.16　文档属性对话框

（2）执行"插入"/"新建元件"命令，新建"名称"为"表情 1"的"图形"元件，单击工具箱中的"椭圆工具"按钮 ⬭，设置"笔触颜色"为无，"填充颜色"为土红色，按住 Shift 键在场景中绘制一个正圆形，如图 3.17(a)所示。选中刚刚绘制的圆角矩形，按"Ctrl+C"键复制图形。新建"图层 2"，执行"编辑"/"粘贴到当前位置"命令粘贴图形，单击工具箱中的"任意变形工具"按钮 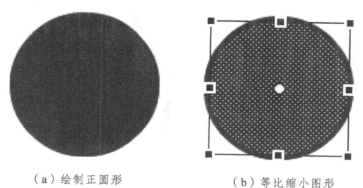，按住"Shift+Alt"键拖动鼠标，以图形的中心点为中心将图形等比例缩小，如图 3.17（b）所示。

（a）绘制正圆形　　　　　　　（b）等比缩小图形

图 3.17　绘制圆形并等比缩小

提示：Flash 中提供了"粘贴到当前位置"和"粘贴到中心位置"两种粘贴方式。"粘贴到当前位置"是将复制的对象粘贴到文件原来的位置，"粘贴到中心位置"则是将对象粘贴到场景的中心位置。

（3）选中并复制得到的图形，打开"颜色"面板，设置"填充颜色"为"放射状"渐变，如图 3.18（a）所示。使用"渐变变形工具"调整渐变角度，如图 3.18（b）所示。

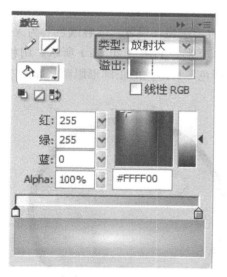

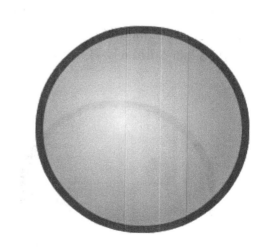

（a）设置颜色面板　　　　　　　（b）调整渐变角度

图 3.18　设置颜色面板并调整渐变角度

（4）选中刚刚填充渐变颜色的图形，复制图形，新建"图层 3"，并粘贴到当前位置，打开"颜色"面板，设置"填充颜色"为"放射状"渐变，颜色桶前后两端颜色都调整为白色，调整后端颜色的 Alpha 值为 0%，如图 3.19（a）所示。使用"渐变变形工具"调整渐变角度，使用"任意变形工具"将图形等比缩小，如图 3.19（b）所示。

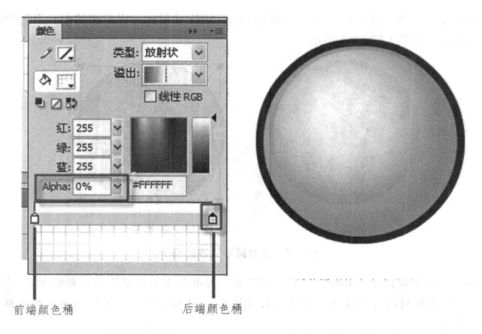

前端颜色桶　　　　　　　　后端颜色桶

（a）设置颜色　　　　　　　　（b）调整图形填充色和大小

图 3.19　设置颜色并调整填充色和大小

（5）新建"图层4"。单击工具箱中的"椭圆工具"按钮，设置"笔触颜色"为无，"填充颜色"为土黄色，按住 Shift 键在场景中绘制一个正圆形，如图 3.20（a）所示。用相同的方法新建"图层5"和"图层6"，再分别绘制"填充颜色"为白色的正圆形眼睛，如图 3.20（b）所示。

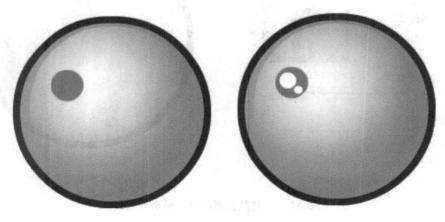

（a）绘制正圆形眼睛　　　　　　（b）绘制高光正圆形眼睛

图 3.20　绘制正圆形眼睛

（6）用相同的制作方法绘制出另外一只眼睛图形，如图 3.21（a）所示。单击工具箱中的

"线条工具"按钮 ，设置"笔触颜色"为土黄色，"笔触高度"为 6，新建"图层 10"，在场景中绘制一条直线，如图 3.21（b）所示。

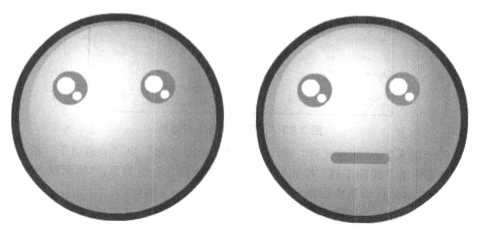

（a）绘制另一只眼睛　　　　　（b）绘制嘴巴直线

图 3.21　绘制另一只眼睛和嘴巴直线

（7）单击工具箱中的"选择工具"按钮 ，将光标移至刚刚绘制的直线下方，当光标变为形状 时向下拖动鼠标，将直线调整为曲线，如图 3.22 所示。

图 3.22　调整嘴巴直线为曲线

（8）单击"编辑栏"上的"场景 1"按钮，返回到"场景 1"编辑，将刚刚绘制的"表情 1"元件拖入到场景中，执行"文件"/"保存"命令保存文件，以完成卡通表情的绘制。

3.1.3　卡通饼干人绘制实战

（1）执行"文件"/"新建"命令，新建一个 Flash 文档，单击"属性"面板上的"编辑"按钮，在弹出的"文档属性"对话框中设置相关属性，如图 3.23 所示。单击"确定"按钮，完成设置。

图 3.23　"文档属性"对话框

（2）执行"插入"/"新建元件"命令，新建一个"名称"为"卡通饼干"的"图形"元件，单击工具箱中的"椭圆工具"按钮 ，设置"笔触颜色"值为无，"填充颜色为土黄色"如图 3.24（a）所示；在场景中绘制一个圆，如图 3.24（b）所示。

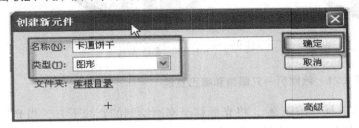

（a）创建元件　　　　　　　　　　　　　　　　　（b）绘制图形

图 3.24　创建元件并绘制圆形

（3）单击工具箱中的"线条工具"按钮 ，设置"笔触颜色"为土黄色，"笔触高度"为 80，在场景中绘制线条，如图 3.25（a）所示。单击工具箱中的"矩形工具"按钮 ，设置"属性"面板，如图 3.25（b）所示。

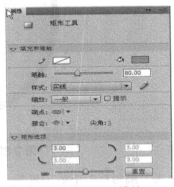

（a）绘制线条　　　　　　　　（b）设置矩形属性

图 3.25　绘制线条并设置矩形属性

提示：使用"矩形工具"和"基本矩形工具"都可以完成圆角矩形的绘制。但是只有"基本矩形工具"可以在绘制的过程中多次调整圆角数值，而"矩形工具"不可以。

（4）在场景中分别绘制矩形，并使用"选择工具"调整成如图 3.26 所示的效果。

图 3.26　绘制图形并进行调整

（5）使用"选择工具"选择图层 1 所有图形，执行"修改"/"分离"命令，再执行"形状"/"将线条转换为填充"命令，执行"编辑"/"复制"命令，新建"图层 2"，单击"图层2"第 1 帧位置，执行"编辑"/"粘贴到当前位置"命令，效果如图 3.27 所示。

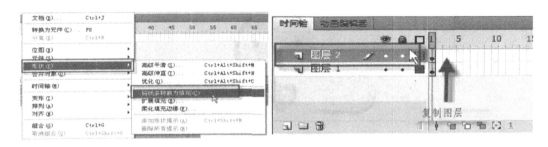

图 3.27　将线条转换为填充并复制图形到图层 2

（6）选择"图层 1"上的图形，修改"填充颜色"为土红色，并执行"修改"/"形状"/"扩展填充"命令，在弹出的"扩展填充"对话框中设置相关属性，如图 3.28（a）所示，其效果如图 3.28（b）所示。

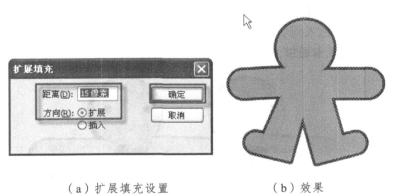

（a）扩展填充设置　　　　　　　（b）效果

图 3.28　扩展填充设置及效果

（7）使用"选择工具"选中"图层 2"上的图形，调整其位置。新建"图层 3"，单击工具箱中的"钢笔工具"按钮 ，设置"笔触颜色"为土红色，"笔触高度"为 0.01，在场景中绘制路径，并填充为土红色，其效果如图 3.29 所示。

图 3.29　调整图形位置并绘制心形效果

（8）使用"椭圆工具"，设置"笔触颜色"为无，"填充颜色"为土红色，绘制如图 3.30 所示图形。

图 3.30　绘制椭圆眼睛后的效果

（9）单击"编辑栏"上的"场景 1"按钮，返回到"场景 1"的编辑状态，将元件"卡通饼干"从"库"面板中拖入到场景中，选择元件并按快捷键"Ctrl+D"复制一个，其排列效果如图 3.31 所示。在完成卡通饼干人的绘制后，将文件保存。

图 3.31　卡通饼干人完成后的效果

3.2 动画人物角色绘制实战

3.2.1 Q版风格人物绘制实践

Q版风格人物：下面以一位可爱的小女孩为例来学习Q版风格人物的绘制，完成后效果如图3.32所示。

图3.32 小女孩效果

（1）绘制脸部的基本形状。新建一个Flash文档，并保存文件。使用"椭圆工具"在舞台上绘制一个椭圆，以此作为头部的基本形状，用"选择工具"绘制，按住"Ctrl"键的同时，按住鼠标左键在椭圆线上点击拖动添加锚点，使用"选择工具"调节绘制脸部形状，如图3.33所示。绘制脸型时要注意抓住儿童的脸蛋会胖胖的特点，看起来胖胖很幼稚的样子。

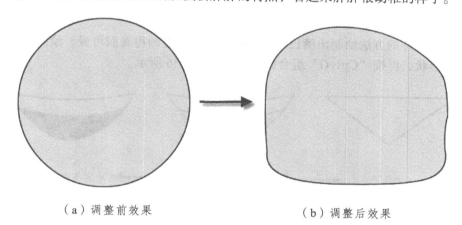

（a）调整前效果　　　　　　　　　　　（b）调整后效果

图3.33 绘制脸部造型

（2）在工作区使用"椭圆工具"绘制出眼睛并使用"颜料桶工具"填色，框选眼睛图形，按"Ctrl+G"组合键对眼睛图形打组，选中眼睛图形并按"Ctrl+D"组合键复制出另一只眼睛，选择刚复制出的眼睛图形组，再执行"修改"/"变形"/"水平翻转"，再摆放到脸部相应位置，如图3.34所示。

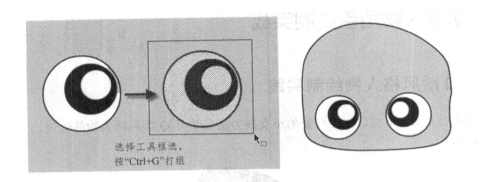

图 3.34　眼睛绘制后效果

（3）使用"线条工具" ，绘制出头发基本几何形，再使用"选择工具" 进行弯曲调整。发型采用典型的儿童样式，要画得圆润可爱，绘制完成注意先框选再按"Ctrl+G"组合键打组，如图 3.35 所示。

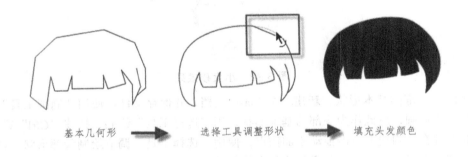

图 3.35　绘制头发

（4）使用同样的方法绘制出嘴巴部分形状并填色，要画得圆润可爱，绘制完成注意先框选嘴巴部分形状，再按 "Ctrl+G" 组合键打组，如图 3.36 所示。

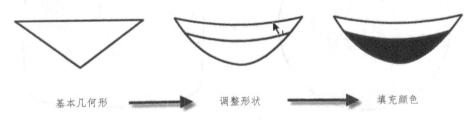

图 3.36　绘制嘴巴

（5）使用同样的方法绘制出人物的耳朵并打组，同时将其摆放到脸部相应位置（注意耳朵的前后排列顺序，耳朵应在脸部后面）。首先选中耳朵部分的组，单击鼠标右键，执行命令"排列" / "下移一层"（快捷键为 "Ctrl+K"），耳朵就排列到脸部后面，如图 3.37 所示；再将绘制好的头发、嘴巴调整摆放到头部相应的位置；最后框选头部各部分图形整体打组，如图 3.38 所示。

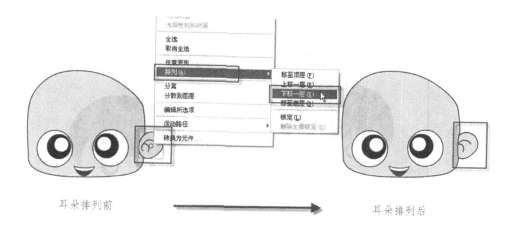

耳朵排列前 耳朵排列后

图 3.37　耳朵位置前后排列

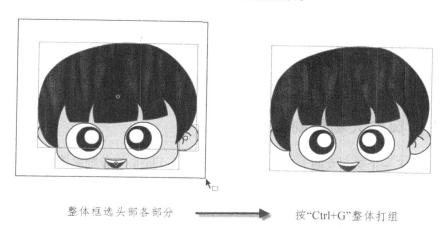

整体框选头部各部分 按"Ctrl+G"整体打组

图 3.38　调整头部并整体打组

（6）绘制衣服。在画衣服的时候，可以参考各种儿童时装，但切记不要画得像成人一样过于时尚与暴露，衣服纹路也要依照身体的动作来画，如图 3.39 所示。

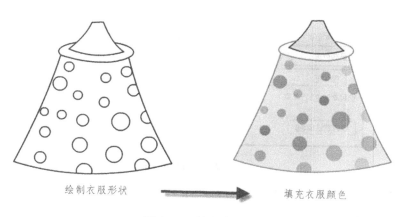

绘制衣服形状 填充衣服颜色

图 3.39　绘制衣服

（7）绘制胳膊和腿要注意上臂和下肢还有手，以及手臂和衣服位置的前后关系。另外所有的关节需要分开画，且要注意组合，当组合好以后，调节到相应位置。要注意整体搭配，整个人物的色彩协调统一，对比不要过于强烈。完成后的效果如图 3.40 所示。

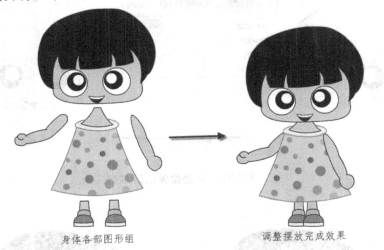

身体各部图形组　　　　　　调整摆放完成效果

图 3.40　调整完成效果

3.2.2　卡通风格人物绘制实践

本实例绘制了一个美少女的卡通形象，其中用到了 Flash 中各种绘图工具。铅笔工具是 Flash 绘图时常用的一种工具，它有很好的灵活性，不但可以设置所绘线条的效果、样式和大小，还可以调整绘制好线条的弯曲度和节点数量。

（1）新建一个 Flash 文档，并设置其尺寸为 550×400 像素、帧频为 12 fps、背景颜色为白色，如图 3.41 所示。

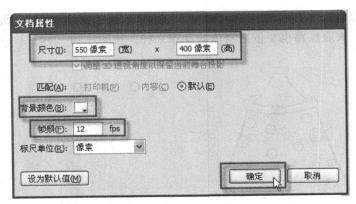

图 3.41　新建文档

（2）按"Ctrl+F8"组合键新建影片剪辑元件 1。在工具箱中选择"铅笔工具"，在工作区中绘制人物身体线框结构，然后在工具箱中选取"选择工具"，调整人物身体线框造型，其效果如图 3.42 所示。

图 3.42　绘制人物身体线框

（3）使用"颜料桶工具"为绘制好的身体线条填充颜色，其效果如图 3.43 所示。

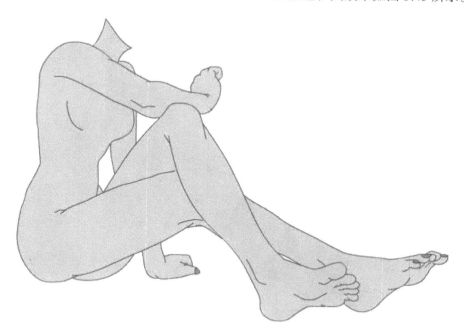

图 3.43　填充身体颜色

（4）选择"铅笔工具"，在"属性"面板中设置其笔触颜色为一种较鲜艳的颜色，在工作区中绘制填充时所需要的阴影辅助线，如图 3.44 所示。使用"颜料桶工具"进行颜色填充，如图 3.45 所示。待填充完成后再将辅助线删除，其效果如图 3.46 所示。

图 3.44　绘制辅助线

图 3.45　填充颜色

图 3.46　删除辅助线后的效果

（5）新建图层 2，在工作区中绘制衣服的轮廓，如图 3.47 所示，然后绘制如图 3.48 所示的辅助线，并使用"颜料桶工具"进行颜色填充，如图 3.49 所示，最后将辅助线删除。

图 3.47　绘制衣服轮廓线条

图 3.48 绘制辅助线

图 3.49 填充颜色

（6）制作人物的头部。新建图层 3，在工作区中绘制一个如图 3.50 所示图形，然后使用颜料桶工具进行颜色填充，如图 3.51 所示，并将该图层中的线条删除。

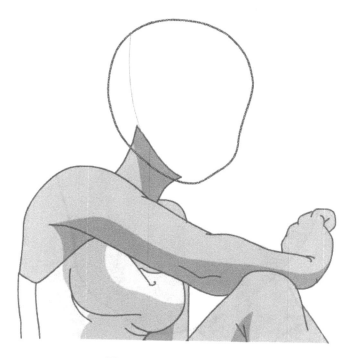

图 3.50　绘制头部图形

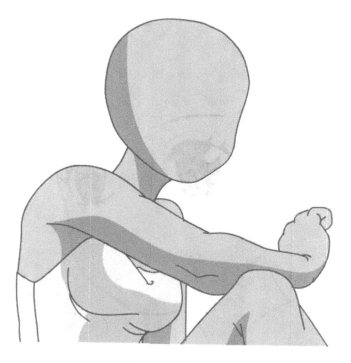

图 3.51　填充颜色

（7）新建图层 4，在工作区中绘制如图 3.52 所示的线框，然后对线框进行颜色填充，在填充完成后将线框删除，效果如图 3.53 所示。

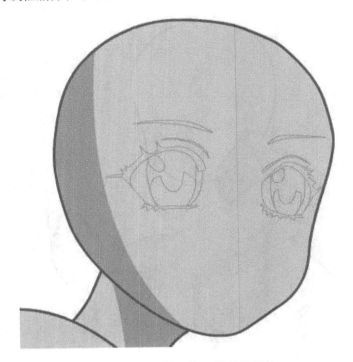

图 3.52　绘制线框

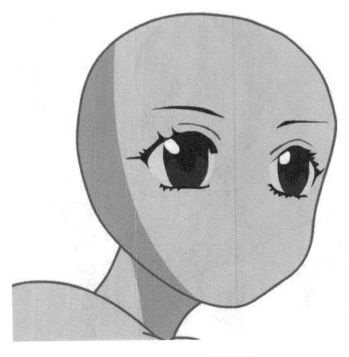

图 3.53　填充颜色

（8）新建图层 5，在工作区中绘制如图 3.54 所示的线框，并对线框进行颜色填充，填充完成后再将线框删除，效果如图 3.55 所示。

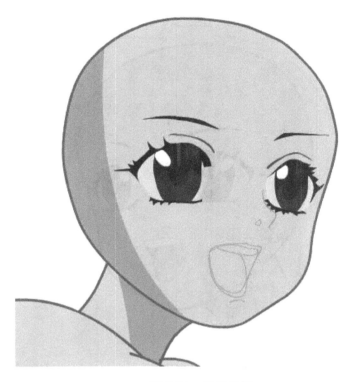

图 3.54　绘制线框

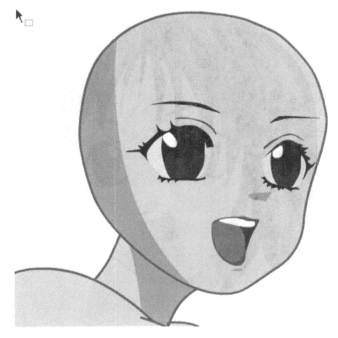

图 3.55　填充颜色

（9）新建图层 6，在工作区中绘制如图 3.56 所示的线框，并对线框进行颜色填充，填充完成后再将线框删除，效果如图 3.57 所示。

图 3.56　绘制线框

图 3.57　删除线框效果

（10）新建图层 7，制作头部后方的头发。在工作区中使用铅笔工具和选择工具绘制一个如图 3.58 所示的线框，并使用颜料桶工具进行颜色填充，如图 3.59 所示。填充完成后将线框删除，并将图层 7 拖拽到图层 1 的下方。

图 3.58　绘制线框

图 3.59　填充颜色

（11）返回到主场景，将元件 1 拖入到舞台中，并使用任意变形工具调整该元件实例的位置和大小，如图 3.60 所示。

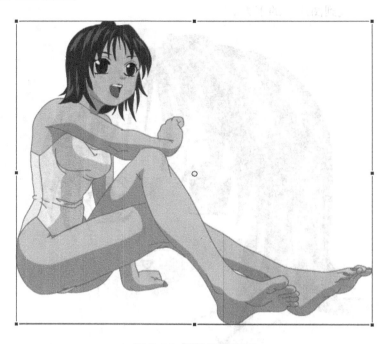

图 3.60 调整元件实例

（12）在属性面板将背景颜色更改为天空蓝色，按 "Ctrl+S" 组合键，保存文件，按 "Ctrl+Enter" 组合键对最终效果进行测试。其效果如图 3.61 所示。

图 3.61 最终效果

3.2.3 动画人物转面造型绘制实践

本实例绘制了动画人物转面造型，具有形象简单可爱、身体线条简洁、人物比例夸张等特点，分别绘制了动画人物正面、侧面、背面造型图。完成后的效果如图 3.62 所示。

图 3.62　动画人物转面效果

（1）绘制动画人物正面头部。新建文件，使用"椭圆工具" ⬭ 绘制一个椭圆，如图 3.63（a）所示。选择"钢笔工具" ✒，按住 Ctrl 键并单击椭圆，进入编辑状态，如图 3.63（b）所示。

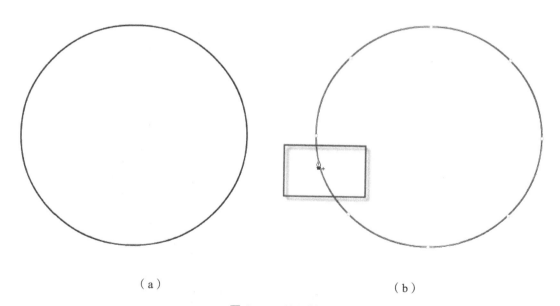

（a）　　　　　　　　　　　　　　　　　（b）

图 3.63　绘制椭圆

（2）通过添加或删除锚点，在椭圆曲线的左右两侧分别加点，再使用"选择工具" ▶ 调整出如图 3.64 所示的头部轮廓图形。

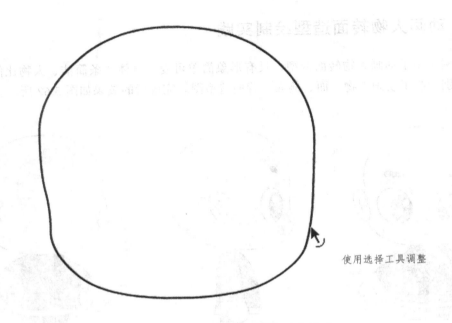

使用选择工具调整

图 3.64 使用选择工具调整头部轮廓

（3）使用"铅笔工具" ，绘制出左侧耳朵轮廓线，然后选择所有耳朵轮廓线，按快捷键"Ctrl+D"复制出右侧的耳朵轮廓线，执行"修改"/"变形"/"水平翻转"，然后使用"选择工具"摆放到右侧耳朵的位置，如图 3.65 所示。

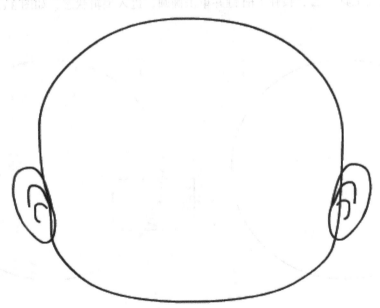

图 3.65 绘制耳朵轮廓线

（4）使用"椭圆工具" 和"线条工具" 分别绘制调节出人物眼睛、眉毛、嘴部分轮廓线，如图 3.66 所示。绘制完成后注意框选头部并按"Ctrl+G"组合键打组。

图 3.66　绘制眉毛、眼睛、嘴巴

（5）使用线条工具绘制并使用选择工具调整出人物身体部分轮廓线，如图 3.67 所示。绘制完成后注意框选身体轮廓线，按"Ctrl+G"组合键对身体轮廓线打组。

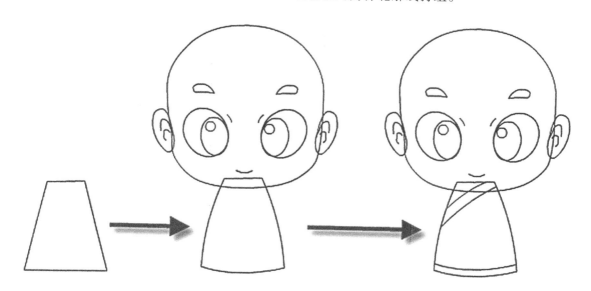

图 3.67　绘制人物身体

（6）使用同样的方法绘制出人物左手和右手部分的轮廓线，如图 3.68 所示。绘制完成后注意框选手部分并按"Ctrl+G"组合键打组。

（7）使用同样的方法绘制出人物左脚和右脚部分的轮廓线，如图 3.69 所示。绘制完成后注意框选手部分并按"Ctrl+G"组合键打组。

图 3.68　绘制左手和右手

图 3.69　绘制左脚和右脚

（8）参照动画人物正面造型轮廓线的绘制方法，在右侧绘制出人物侧面、背面的造型轮廓线，如图 3.70 所示。在绘制前请执行"视图"/"标尺"命令打开标尺工具，使用选择工具在标尺工具上按住并往工作区拖动以创建几条参考线，如图 3.71 所示。

图 3.70　绘制人物侧面背面

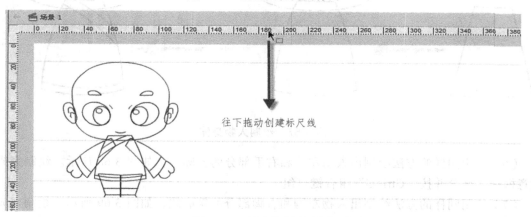

往下拖动创建标尺线

图 3.71　创建标尺参考线

（9）使用选择工具选中人物正面头部组轮廓线并双击进入组层级，再使用"颜料桶工具"填充头部颜色，如图 3.72 所示。再返回到场景中使用同样的方法填充人物其他部分的颜色，并注意调整各部分组的上下排列位置关系，如图 3.73 所示。

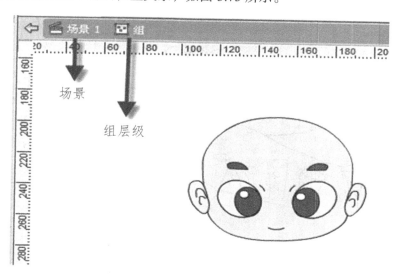

图 3.72　进入组层级填充头部颜色

图 3.73　填充颜色并调整组的排列位置

3.3　动画场景绘制实战

3.3.1　Q 版动画场景绘制实践

（1）新建文件，使用"铅笔工具"勾画出动画场景中云朵、树、树桩等图形的轮廓线，如图 3.74 所示。注意线条的变化、圆滑程度以及场景的透视。

图 3.74　勾画场景轮廓线

（2）使用"颜料桶工具"，其中颜色填充选择"线性"渐变类型，填充天空、草地部分的颜色，并使用"渐变变形工具" ![icon] 调整颜色渐变方向，如图 3.75 所示。

图 3.75　填充渐变色

（3）使用"颜料桶工具"，其中颜色填充选择"纯色"类型，填充云朵、树木、路道等部分的颜色，如图 3.76 所示。

图 3.76　填充颜色

（4）使用"铅笔工具"，将线条颜色选择为红色，勾画出云朵、树木、树桩阴影线条，如图 3.77 所示。再使用"颜料桶工具"填充阴影部分的颜色，如图 3.78 所示。

图 3.77　勾画阴影线

图 3.78　填充阴影颜色

（5）删除红色的阴影线条，这样云朵、树、树桩的立体感就得到了体现，如图 3.79 所示。

图 3.79　删除阴影线后的效果

3.3.2 现代建筑动画场景绘制实践

"近大远小"是建筑场景透视的基本规律，该规律不仅用于表现建筑物，也适用于自然景物、室内以及场景中的人物。因此绘制建筑场景时，重点在于表现物体的远近距离和空间感。

（1）绘制现代建筑的基本轮廓。新建一个 Flash 文档，并保存文件。使用"直线工具"或者"铅笔工具"在舞台上画出现代建筑的大体轮廓，如图 3.80 所示。

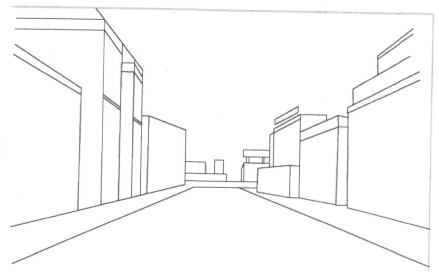

图 3.80　现代建筑轮廓

（2）画出阳台、电线杆、窗户、草丛、垃圾桶的结构图，如图 3.81 所示。

图 3.81　结构图

（3）删除多余的辅助线，完善云朵、路灯等细节部分，如图 3.82 所示。

图 3.82　完善细节

（4）填充画面大体基本颜色，如图 3.83 所示。

图 3.83　填充基本色

（5）先用绿线画出树木、云朵、路灯的明暗交界线，并为暗部重新上色，然后为建筑暗部上色，删除绿线，最终效果如图 3.84 所示。

图 3.84　暗部上色后效果

3.3.3　室内动画场景绘制实践

（1）绘制室内动画场景的基本轮廓。新建一个 Flash 文档，并保存文件。使用"直线工具"或者"铅笔工具"，在舞台上画出室内动画场景的大体轮廓，如图 3.85 所示。

图 3.85　室内场景轮廓

（2）画出柜子、沙发、窗户、桌子、洗衣机、电灯的结构图，如图3.86所示。

图 3.86　结构图

（3）删除多余的辅助线，完善细节部分，如图3.87所示。

图 3.87　完善细节

（4）给画面填充大体基本颜色，如图3.88所示。

图 3.88　上大体基本色

（5）先用绿线画出室内场景暗部交界线，并为暗部重新上色，删除绿线，最终效果如图 3.88 所示。

图 3.89　最终效果

4

Flash 人物动画动作实战

4.1 走路的动作实战

学习人物动画的第一件事情就是研究人物走路动作及姿势，因为走路动作是最难画准确的。走路是一个向前扑并及时站稳不致摔倒的过程，正如我们向前移动时会尽力不让自己扑倒一样，如果脚不着地，我们肯定会摔在地上。走路时上身前倾，一只脚迈出去的同时要保持身体平衡，就这样迈一步、站稳，迈一步、站稳，迈步、站稳，如图 4.1 所示。

迈步　　站稳

行走时往往会倾斜。

走得越慢身子越平衡，

而走得越快身体越失衡。

图 4.1　迈步、站稳

很多人走路时脚尽可能少的离开地面，所以脚趾头容易撞上东西而被绊倒。人行道上一个不起眼的裂缝有时也容易把人绊倒。另外，所有人走路的方式都不同，天底下没有两个走路完全一样的人。在开始画走路的动画之前，我们先看一下人正常走路的过程，如图 4.2 所示。

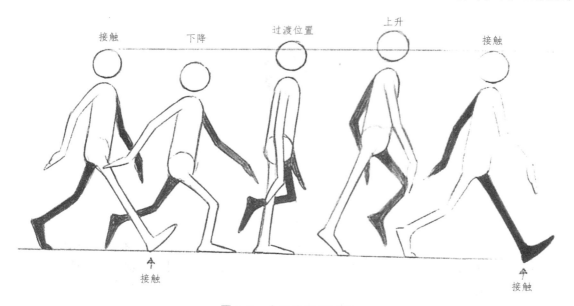

接触　　下降　　过渡位置　　上升　　接触

接触　　接触

图 4.2　人正常走路过程

4.1.1 简单人物循环走路

本案例将制作一个简单的人物侧面循环走路的动画。

（1）新建一个 Flash 文档并保存文件。按"Ctrl+J"快捷键打开"文档属性"对话框，将"帧频"设置为"25 fps"，其他设置保持默认，如图 4.3 所示。

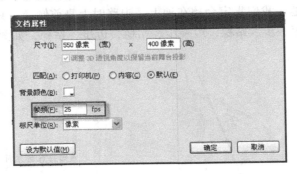

图 4.3 文档属性

（2）使用绘图工具，在舞台上分层画出人物的头部、四肢以及身体，然后单选各层的图形，按快捷键"F8"分别将人物各部分转换为相应的元件，如图 4.4 所示。

图 4.4 人物各部分转换为元件

（3）人物走路的动作有 4 个关键姿态，即 4 张关键原画。我们可以根据传统动画的走路原理摆出 4 个不同的姿态。在摆姿态之前，先选中左腿元件，使用"任意变形工具" ![icon] 将元件图形的中心点移动到人物骨盆所在位置，改变左腿旋转轴心点，如图 4.5 所示。使用同样的方法，分别改变右腿、左手、右手、头部的旋转轴心点，如图 4.6 所示。

图 4.5 移动左腿旋转中心点

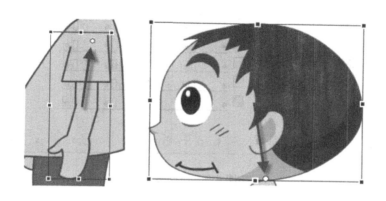

图 4.6 改变右腿、左手、右手、头部的旋转轴心点

（4）单击鼠标左键，框选时间轴上第 21 帧，按快捷键 "F5" 将时间帧延长至 21 帧，如图 4.7 所示。分别在各图层的第 6 帧、11 帧、16 帧和 21 帧按快捷键 "F6" 插入关键帧，根据前面的分析，分别调整第 1 帧、6 帧、11 帧和 16 帧的走路姿态，如图 4.8 所示。时间轴如图 4.9 所示。

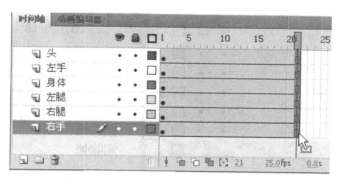

图 4.7 将时间帧延长至 21 帧

第1帧   第6帧   第11帧   第16帧   第21帧

图 4.8   调整走路关键姿态

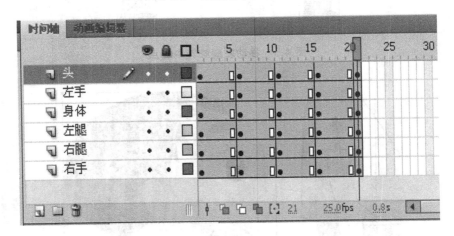

图 4.9   时间轴

    注意：由于走路动作是一个循环动作，它的开始动作与结束动作是相同的。也就是说，第 21 帧的动作与第 1 帧的动作相同，因此只需将第 1 帧复制并粘贴至第 21 帧即可。

    （5）关键原画制作完成后，仍需要制作中间画。在各图层的每 2 个关键帧之间任意框选帧，单击鼠标右键创建传统补间动画，如图 4.10 所示。

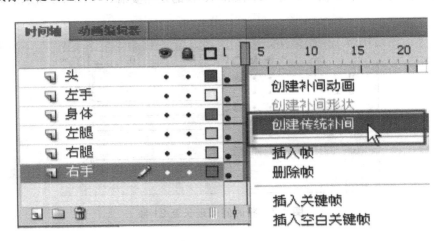

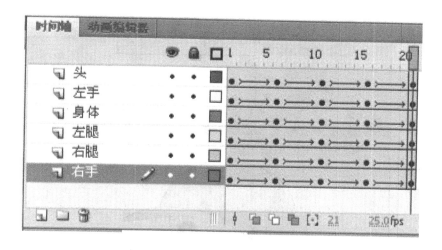

图 4.10　创建传统补间动画

（6）这样，一个简单的人物行走循环动画就完成了。保存文件，再按快捷键"Ctrl+Enter"测试影片，其效果如图 4.11 所示。

图 4.11　简单循环走路动画效果

4.1.2　Q 版人物侧面走路

（1）首先打开一个已经绘制好元件的 Q 版人物动态 POSE，此 POSE 是走路的关键动态 POSE，如图 4.12 所示。

图 4.12　Q 版人物

（2）单击鼠标左键，框选人物走路 POSE 的各部分元件，执行"鼠标右键"/"分散到图层"命令，分别将各部分元件分散到各个层次，这样有利于操作，如图 4.13 所示。

图 4.13　将各部分元件分散到图层

（3）在 13 帧处按快捷键"F6"插入关键帧，前一关键帧的动态 POSE 右腿在前，接下来我们要画出另一个关键帧的动态 POSE，即左腿在前，头部和身体不动，把手和腿的方向相反交替，如图 4.14 所示。

图 4.14　第 13 帧关键动态 POSE

（4）在第 7 帧处插入关键帧，把"绘图纸外观" 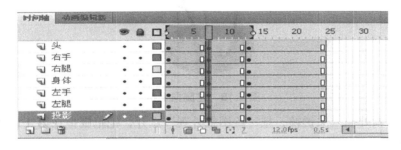点开，即"洋葱皮工具"，把范围拖在第 1 帧和第 13 帧范围内，如图 4.15 所示。这样我们可以根据前后关键帧动态 POSE 画出中间帧 POSE，即整个人物动作的最高帧 POSE，如图 4.16 所示。

图 4.15　插入第 7 帧并点开洋葱皮工具

图 4.16　中割第 7 帧最高帧 POSE

中间帧POSE的画法一般是把头和身体向上移几格，手和右腿在中割位置上，如图4.17所示。

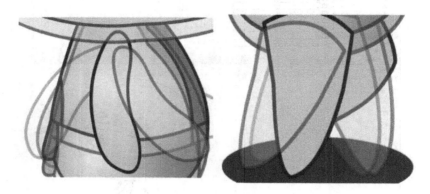

图 4.17　中割帧画法

左腿向上抬，如图4.18所示。

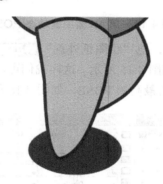

图 4.18　左腿向上抬

（5）在第4帧处插入关键帧，把"绘图纸外观"点开，把范围拖在第1帧和第7帧范围内，如图4.19所示。

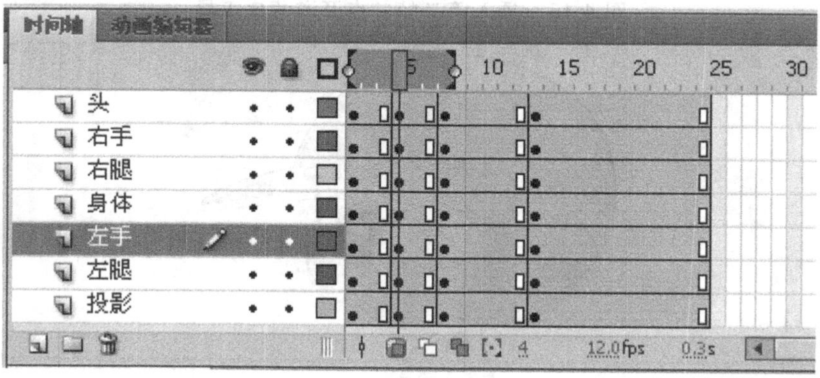

图 4.19　插入第4帧并点开洋葱皮工具

根据第1帧的关键帧POSE和第7帧的关键帧POSE进行中割绘制，得到第4帧的动态POSE，如图4.20所示。"中割绘制"：是绘制动画时常用的专用术语，也是传统动画和现代二维无纸动画中常用的方法。

图 4.20 中割第 4 帧 POSE

（6）在第 10 帧处插入关键帧，把"绘图纸外观"点开，把范围拖在第 7 帧和第 13 帧范围内，如图 4.21 所示。

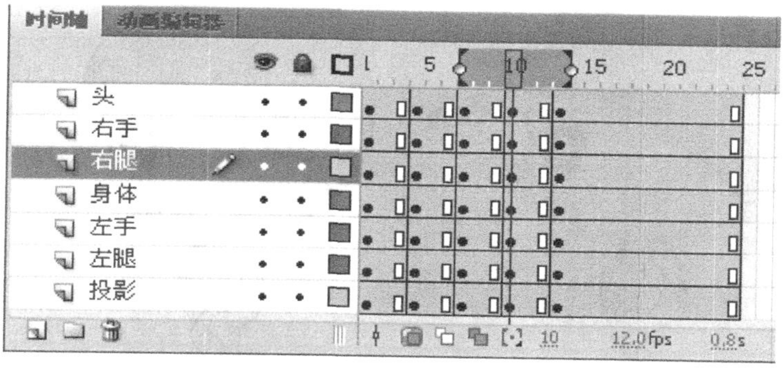

		👁	🔒	🟦	l	5	10	15	20	25
🗁 头		•	•	🟫						
🗁 右手		•	•	🟫						
🗁 右腿	✏	•	•	🟫						
🗁 身体		•	•	🟫						
🗁 左手		•	•	🟫						
🗁 左腿		•	•	🟫						
🗁 投影		•	•	🟦						

图 4.21 插入第 10 帧并点开洋葱皮工具

根据第 7 帧的关键帧 POSE 和第 13 帧的关键帧 POSE 中割，得到第 10 帧的动态 POSE，如图 4.22 所示。

图 4.22 中割第 10 帧 POSE

（7）把第 1 帧的关键帧 POSE 复制到第 25 帧。

（8）在第 19 帧处插入关键帧，把"绘图纸外观"点开，把范围拖在第 13 帧和第 25 帧范围内，如图 4.23 所示。

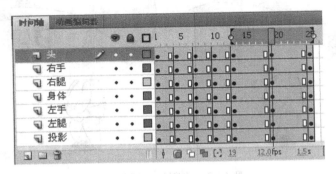

图 4.23　插入第 19 帧并点开洋葱皮工具

动态 POSE 参照第 7 帧的做法，完成后的效果，如图 4.24 所示。

图 4.24　中割第 19 帧 POSE

（9）在第 16 帧处插入关键帧，把"绘图纸外观"点开，把范围拖在第 13 帧和第 19 帧范围内，如图 4.25 所示。

图 4.25　插入第 16 帧

根据第 13 帧的关键帧 POSE 和第 19 帧的关键帧 POSE 中割，得到第 16 帧的动态 POSE，如图 4.26 所示。

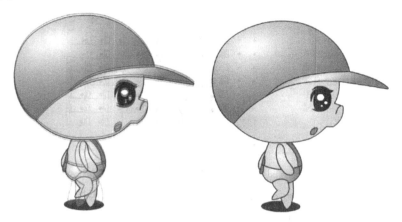

图 4.26　中割第 16 帧 POSE

（10）在第 22 帧处插入关键帧，把"绘图纸外观"点开，把范围拖在第 19 帧和第 25 帧范围内，如图 4.27 所示。

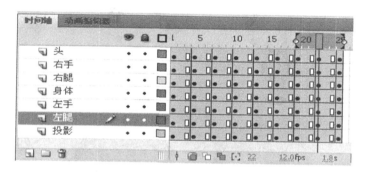

图 4.27　插入第 22 帧

根据第 19 帧的关键帧 POSE 和第 25 帧的关键帧 POSE 中割，得到第 22 帧的动态 POSE，如图 4.28 所示。

图 4.28　中割第 22 帧 POSE

（11）把第 25 帧关键帧删除，最后将 fps 帧频设置为 25 fps，如图 4.29 所示。

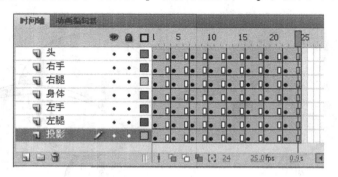

图 4.29　删除重复的第 25 帧

（12）这样一个 Q 版人物侧面循环走路的动作就完成了。再按快捷键"Ctrl+Enter"测试影片，Q 版人物走路各帧姿态如图 4.30 所示。

图 4.30　Q 版人物侧面循环走路

4.1.3　卡通人物高兴走路

（1）在舞台中使用铅笔工具绘制出卡通人物高兴走路的初始 POSE。将动画帧频设置为每秒 25 帧，共 36 帧。因为这个案例将使用逐帧动画的方法去做，不做补间动画，所以不用将图形转换为元件，如图 4.31 所示。

（2）分别在时间轴上绘制出关键帧动作 POSE，使用 1 拍 3 的方式去制作动画效果，时间轴如图 4.32 所示。动画关键帧动作 POSE 如图 4.33 所示。

图 4.31　绘制初始动作

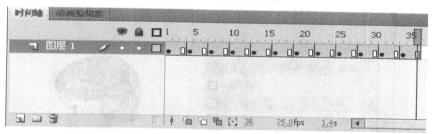

图 4.32　时间轴

第1帧　　　　　　第4帧　　　　　　第7帧　　　　　　第10帧

第13帧　　　　　　第16帧　　　　　　第19帧　　　　　　第22帧

第25帧　　　　　　第28帧　　　　　　第31帧　　　　　　　第34帧

图 4.33　关键帧动作 POSE

4.1.4　Q 版人物小心翼翼走路

Q 版人物小心翼翼走路动画，可设置帧频为 24 帧每秒，共 43 帧。

（1）首先将身体的每个部位转换为元件，并分散到图层，其中身体和裙子不转换为元件，如图 4.34 所示。

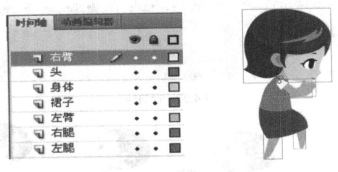

图 4.34　转换为元件并分散到图层

（2）关键帧 POSE 总数为 7 个，如图 4.35 所示。这里我们是制作一个循环小心走路，由于第一个和最后一个关键帧 POSE 一样，因此只需制作一个动态 POSE。

第1帧　　　　　　　　第7帧　　　　　　　　第14帧

第21帧　　　　　　第30帧　　　　　　第36帧　　　　　　第43帧

图 4.35　关键帧 POSE

（3）时间轴效果，如图 4.36 所示。

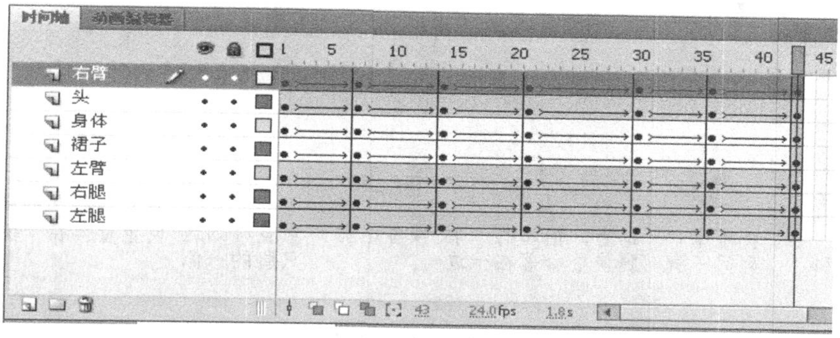

图 4.36　时间轴效果

4.1.5　卡通人物正面走路

表现人物正面走路要注意人物的肩膀、腰线、骨盆的运动关系。肩膀通常与骨盆的移动方向相反，如图 4.37 所示。

图 4.37　肩膀与骨盆的移动方向相反

在正常的走路过程中，重心从一只脚移到另一只脚。每次抬脚时，这只脚会把身体的重量向前带，并把重心转移到另一只脚的那一侧。肩膀几乎总是与胯和臀部的移动方向相反，如图 4.38 所示。一个夸大了的重心转移模式，如图 4.39 所示。

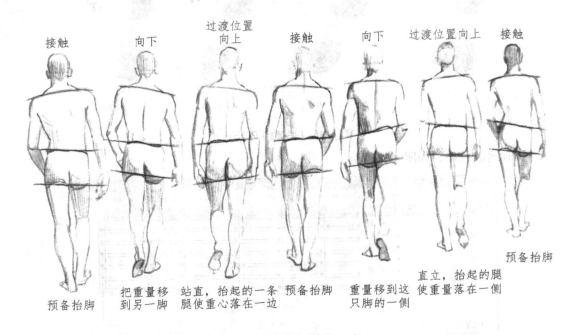

图 4.38　重心转移一

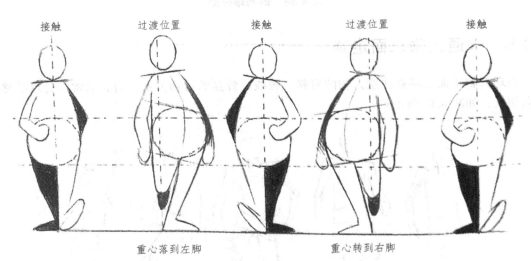

图 4.39　重心转移二

相信读者已经对人物侧面行走的基本做法有些了解了，现在我们来学习卡通人物正面行走的基本做法和技巧。在制作卡通人物正面行走动画的时候要用逐帧动画来制作。

设置动画帧频为每秒 25 帧，绘制 8 个关键帧 POSE，如图 4.40 所示，时间轴效果如图 4.41 所示。

第1帧　　　　　第4帧　　　　　第7帧　　　　　第10帧

第13帧　　　　　第16帧　　　　　第19帧　　　　　第22帧

图 4.40　关键帧 POSE

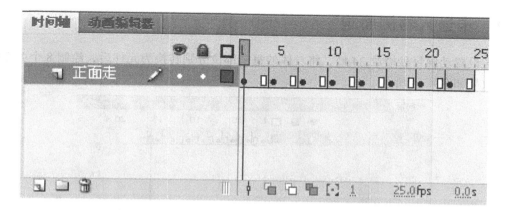

图 4.41　时间轴效果

4.2 跑步的动作实战

人物角色行走时，总是一只脚着地，一只脚离地。但跑步的时候在某个阶段的 1~3 个位置上双脚同时离地。如一个有活力的侧面跑步的分析草图如图 4.42 所示，此图为 6 帧一步，每秒 4 步的正常跑法。

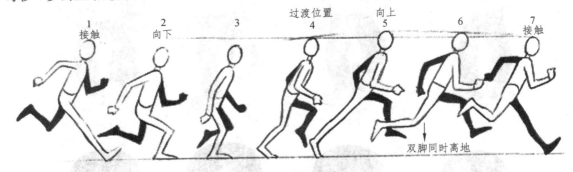

图 4.42　侧面跑步

下面是一个比较卡通的跑步草图，如图 4.43 所示。卡通跑步手臂幅度较大，向上帧双脚完全离地。同样为一个 6 帧一步的跑法，对比图 4.42，看看两者的不同之处。

图 4.43

4.2.1　卡通人物侧面跑

（1）设置动画每秒播放 24 帧，将身体的每个部位分别转换为元件后，绘制 8 个关键帧。时间轴效果如图 4.44 所示。

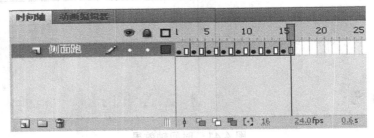

图 4.44　时间轴效果

（2）绘制人物侧面跑步动作关键帧POSE，如图4.45所示。

第1帧　　　　　第3帧　　　　　第5帧　　　　　第7帧

第9帧　　　　　第11帧　　　　　第13帧　　　　　第15帧

图4.45　关键帧POSE

4.2.2　卡通人物特效跑

卡通人物除了以上正常的跑法外，还可以制作一些有趣的特效跑法。虽然这种跑法不太真实，但十分有趣。

（1）设置动画为每秒播放24帧，只需要绘制2个关键帧，如图4.46所示。

第1帧　　　　　　　　第2帧

图4.46　关键帧

（2）第2帧的头部稍微向后移动一些，身体、胳膊也稍做上下调整，增加一些空间幅度，如图4.47所示。

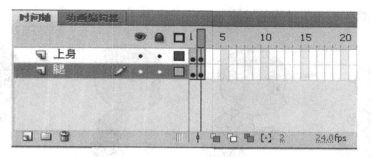

图 4.47 时间轴截图

4.2.3 卡通人物正面跑

设置动画每秒播放 24 帧。绘制 6 个关键帧以完成卡通人物的正面跑，如图 4.48 所示。时间轴如图 4.49 所示。

图 4.48 卡通人物正面跑

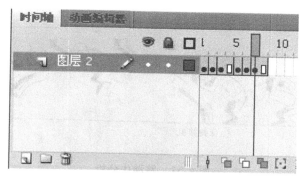

图 4.49　时间轴截图

4.2.4　卡通人物正面急跑

下面是一个比较着急的跑步动作的做法。

设置动画每秒播放 24 帧。这里只需要设置 4 个关键帧，如图 4.50 所示，因此制作起来比正常的跑法要简单很多。

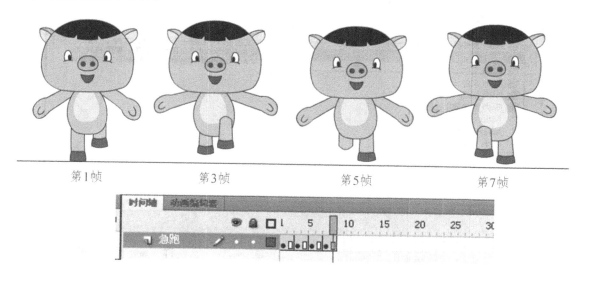

第1帧　　　　　　第3帧　　　　　　　第5帧　　　　　　第7帧

图 4.50　正面急跑

4.3　跳的动作实战

人跳动作的基本过程是：身体屈缩、蹬腿、腾空、着地、还原等，如图 4.51 所示。人在起跳前身体的屈缩，表示动作准备和力量的积聚，接着一股爆发力单腿和双腿蹬起，使整个身体腾空向前；越过障碍之后，双脚先后着地或同时着地，由于自身重量和身体平衡需要，必然产生动作缓冲，随即恢复原状。

接触点　　　　　　　保持接触　　　　　　　　　接触点

图 4.51　跳动作分析

4.3.1　侧面跳的做法

（1）新建 Flash 文件（ActionScript 2.0）或按"Ctrl+N"创建新文档，如图 4.52 所示。帧频率为 25 帧。

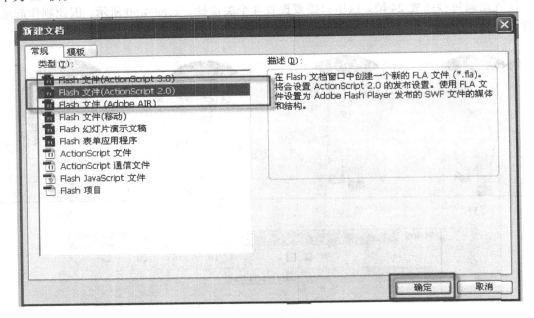

图 4.52　创建新文档

（2）绘制 8 个关键帧完成卡通人物的侧面跳，如图 4.53 所示。时间轴如图 4.54 所示。

图 4.53 关键帧动作

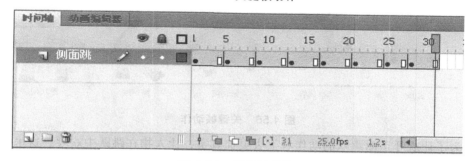

图 4.54 时间轴截图

4.3.2 正面跳的做法

（1）新建 Flash 文件（ActionScript2.0）或按"Ctrl+N"创建新文档，如图 4.55 所示。帧频率为 24 帧。

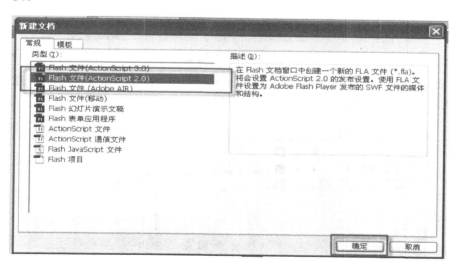

图 4.55 创建新文档

（2）用逐帧的方式制作正面跳跃的动作。先绘制出正面跳跃的各个关键帧动作，如图 4.56 所示。

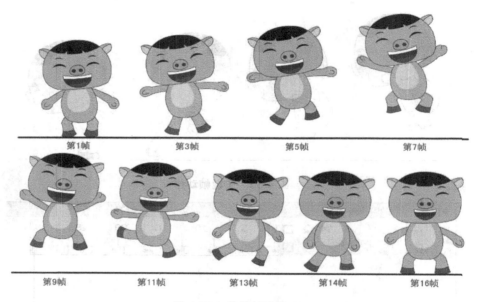

第1帧 第3帧 第5帧 第7帧

第9帧 第11帧 第13帧 第14帧 第16帧

图 4.56 关键帧动作

（3）为了让欢呼正面跳跃的动作看上去更加真实，让人物在跳跃中欢呼，这里加入了大笑的表情，时间轴如图 4.57 所示。

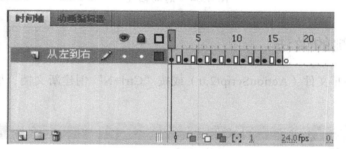

图 4.57 时间轴截图

（4）上面已经完成了从左到右的动作。下面全选已有的帧。当复制帧后，新建一个图层，命名为"从右到左"。在 17 帧处粘贴帧，如图 4.58 所示。

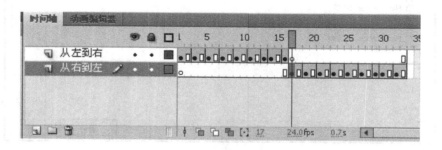

图 4.58 时间轴截图

（5）选中粘贴后的 17—32 帧，选择"鼠标右键"/"翻转帧"，这样从右到左的动作就完成了，如图 4.59 所示。

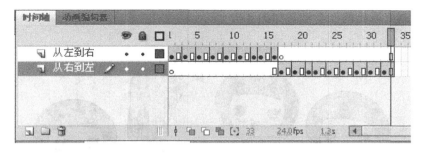

图 4.59　时间轴截图

（6）洋葱皮效果如图 4.60 所示。

图 4.60　洋葱皮效果截图

4.3.3　Q 版特殊跳做法

在 Q 版的正面跳跃中，运用了一些违背常理的特殊技法，虽然不太真实，但动画效果十足。设置动画帧频为播放每秒 24 帧，绘制 4 个关键帧，完成后动画效果如图 4.61 所示。

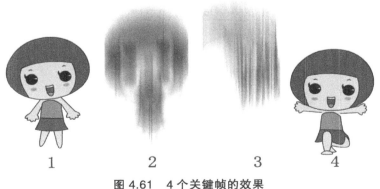

1　　　　　2　　　　　3　　　　　4

图 4.61　4 个关键帧的效果

（1）先绘制好原始的四个帧，如图 4.62 所示。

第1帧　　　　　第5帧　　　　　第9帧　　　　　第12帧

图 4.62　原始帧

（2）选中绘制好的第 5 帧上的图形，将其转换为"影片剪辑"，在"滤镜"窗口中选择"模糊"。将滤镜的小锁解开，"模糊 X"设置为 0，"模糊 Y"设置为 65（Y 方向数值随图形大小可随意设定），如图 4.63 所示。

图 4.63　为影片剪辑添加模糊滤镜

（3）设置完毕后，制作第 9 帧上的图形，可以用刷子和直线工具绘制出这个特效图形。用制作第 5 帧的方法，将第 9 帧的图形进行模糊处理，"洋葱皮效果"如图 4.64 所示。

图 4.64　洋葱皮效果

5

Flash 动物动画动作实战

5.1   爪类动物动作实战

5.2   蹄类动物动作实战

5.3   鸟类动物动作实战

5.1 爪类动物动作实战

四条腿的动物走路时就像两个人合起来走，其中一个稍微在另一个的前面。动物走路动作姿势跟人的走路动作姿势有一定的联系，如果我们把自己的四肢弯下就能找到动物走路的感觉，如图 5.1 所示。

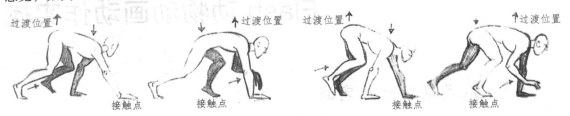

图 5.1　人弯腰爬行

比如，一匹马的走路我们可以看成是一头驼鸟和一个人合并起来走路，如图 5.2 所示。

图 5.2　驼鸟和人合并走路

四足动物行走的基本规律如下：

① 四条腿左右两侧不断分与合交替进行。

② 前腿抬腿时腕关节向后弯曲，后腿抬起时裸关节朝前弯曲。

③ 在走路时由于关节运动，身体随腿部运动趋势略有起伏，慢步行走时三只脚着地状态多一点。轻快行走时始终有两只脚着地，即对角线的两足是同时离地，同时落地。

④ 走路时，头部略有左右微摆的动作，有时为了保持平衡，配合腿的动作，头部也有抬起或低下的微妙变化。

⑤ 抬起的后肢向前迈步的落点基本在即将抬起的前肢足部的位置附近，有时几乎落在前脚所在的位置。这是因为在行走过程中，为了更快向前移动，每一步的距离都要最大限度地向前迈，这时身体一侧则受到挤压，身体就会呈现优美的曲线运动。

5.1.1 卡通狗侧面行走动作

（1）新建 Flash 文件或者按"Ctrl+N"快捷键创建新文档，如图 5.3 所示，帧频率设置为 24 fps。

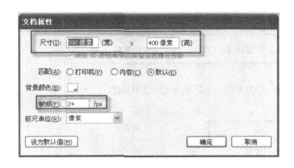

图 5.3　新建文件并设置帧频

（2）用逐帧的绘制方法制作"卡通狗侧面行走"的动作，如图 5.4 所示。

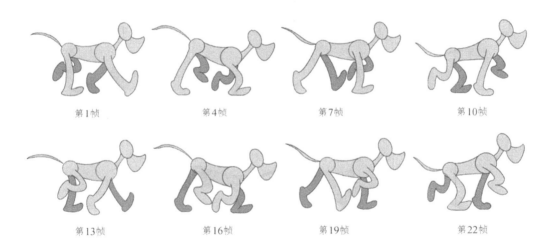

第1帧　　　　　第4帧　　　　　第7帧　　　　　第10帧

第13帧　　　　　第16帧　　　　　第19帧　　　　　第22帧

图 5.4　卡通狗侧面行走

（3）时间轴上关键帧截图如图 5.5 所示。

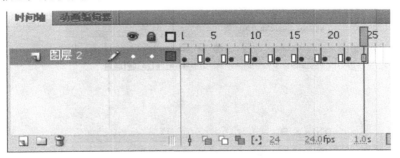

图 5.5　时间轴上关键帧截图

5.1.2　卡通狗侧面奔跑动作

（1）新建 Flash 文件或者按"Ctrl+N"快捷键创建新文档，如图 5.6 所示，帧频率设置为 24 fps。

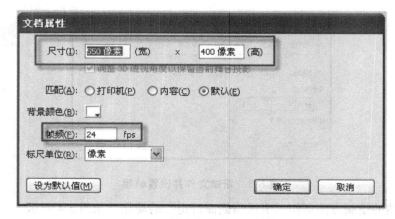

图 5.6　新建文件并设置帧频

（2）用逐帧的绘制方法制作"卡通狗侧面奔跑"动作，如图 5.7 所示。

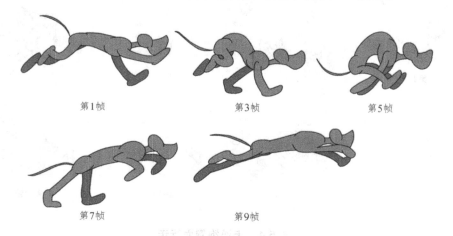

图 5.7　卡通狗侧面奔跑

（3）时间轴上关键帧截图如图 5.8 所示。

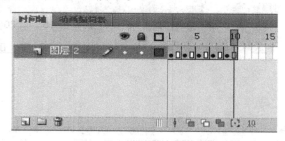

图 5.8　时间轴上关键帧截图

5.1.3　卡通猫侧面行走动作

（1）新建 Flash 文件或者按"Ctrl+N"快捷键创建新文档，如图 5.9 所示，帧频率设置为 24 fps。

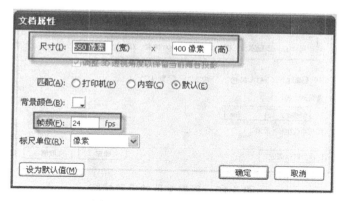

图 5.9　新建文件并设置帧频

（2）用逐帧的绘制方法制作"卡通猫侧面行走"动作，如图 5.10 所示。

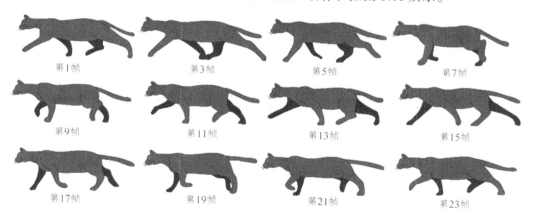

图 5.10　卡通猫侧面行走

（3）时间轴上关键帧截图如图 5.11 所示。

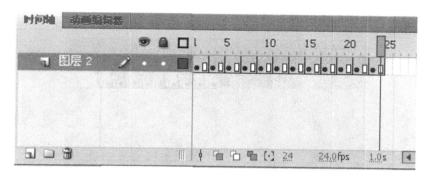

图 5.11　时间轴上关键帧截图

5.1.4 卡通猫侧面跑步动作

（1）新建 Flash 文件或者按"Ctrl+N"快捷键创建新文档，如图 5.12 所示，帧频率设置为 24fps。

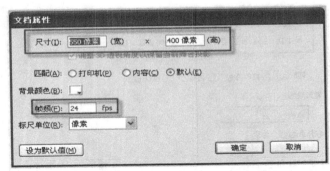

图 5.12　新建文件并设置帧频

（2）用逐帧的绘制方法制作"卡通猫侧面跑步"动作，如图 5.13 所示。

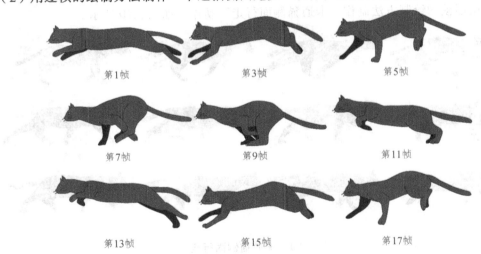

第1帧　　　　　　第3帧　　　　　　第5帧

第7帧　　　　　　第9帧　　　　　　第11帧

第13帧　　　　　　第15帧　　　　　　第17帧

图 5.13　卡通猫侧面跑步

（3）时间轴上关键帧截图如图 5.14 所示。

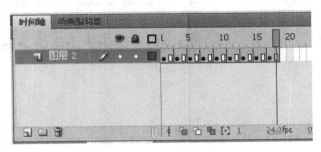

图 5.14　时间轴上关键帧截图

5.2 蹄类动物动作实战

5.2.1 鹿侧面行走动作

（1）新建 Flash 文件或者按"Ctrl+N"快捷键创建新文档，如图 5.15 所示，帧频率设置为 24fps。

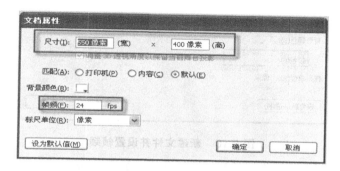

图 5.15 新建文件并设置帧频

（2）用逐帧的绘制方法制作"鹿侧面行走"动作，如图 5.16 所示。

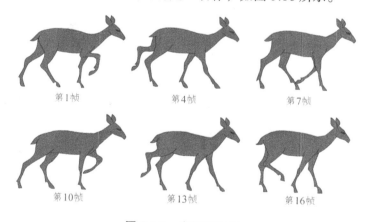

第1帧　　　　　　第4帧　　　　　　第7帧

第10帧　　　　　　第13帧　　　　　　第16帧

图 5.16 鹿侧面行走

（3）时间轴上关键帧截图如图 5.17 所示。

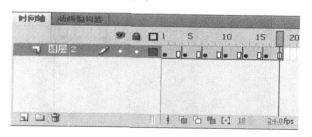

图 5.17 时间轴上关键帧截图

5.2.2 马侧面跑动作

（1）新建 Flash 文件或者按"Ctrl+N"快捷键创建新文档，如图 5.18 所示，帧频率设置为 24fps。

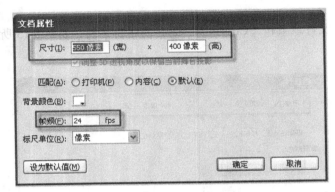

图 5.18 新建文件并设置帧频

（2）用逐帧的绘制方法制作"马侧面跑"动作，如图 5.19 所示。

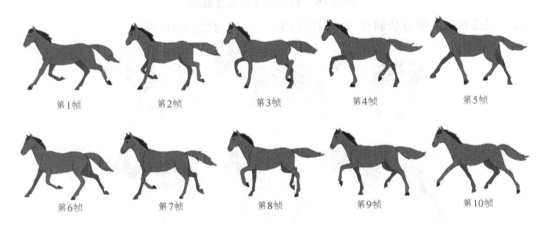

第1帧　　　　第2帧　　　　第3帧　　　　第4帧　　　　第5帧

第6帧　　　　第7帧　　　　第8帧　　　　第9帧　　　　第10帧

图 5.19 马侧面跑

（3）时间轴上关键帧截图如图 5.20 所示。

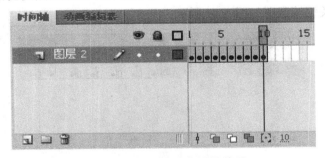

图 5.20 时间轴上关键帧截图

5.2.3　马正面跑动作

（1）新建 Flash 文件或者按"Ctrl+N"快捷键创建新文档，如图 5.21 所示，帧频率设置为 24fps。

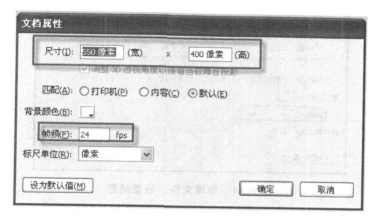

图 5.21　新建文件并设置帧频

（2）用逐帧的绘制方法制作"马正面跑"动作，如图 5.22 所示。

第1帧　　　　第3帧　　　　第5帧　　　　第7帧　　　　第9帧　　　　第11帧

图 5.22　马正面跑

（3）时间轴上关键帧截图如图 5.23 所示。

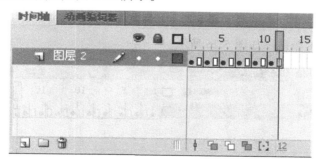

图 5.23　时间轴上关键帧截图

5.2.4 马侧面飞奔动作

（1）新建 Flash 文件或者按 "Ctrl+N" 快捷键创建新文档，如图 5.24 所示，帧频率设置为 24fps。

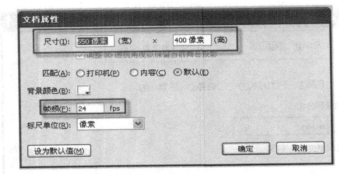

图 5.24 新建文件，设置帧频

（2）用逐帧的绘制方法制作 "马侧面飞奔" 动作，如图 5.25 所示。

第1帧　　　　第3帧　　　　第5帧

第7帧　　　　第9帧　　　　第11帧

第13帧　　　　第15帧　　　　第17帧

图 5.25 马侧面飞奔

（3）时间轴上关键帧截图如图 5.26 所示。

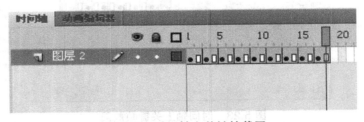

图 5.26 时间轴上关键帧截图

5.3　鸟类动物动作实战

5.3.1　鸽子侧面飞行动作

（1）新建 Flash 文件或者按"Ctrl+N"快捷键创建新文档，如图 5.27 所示，帧频率设置为 24fps。

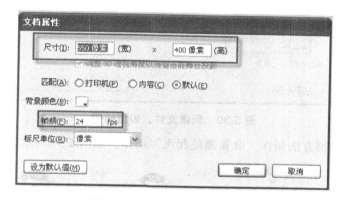

图 5.27　新建文件并设置帧频

（2）用逐帧的绘制方法制作"鸽子侧面飞行"动作，如图 5.28 所示。

第1帧　　　　　　　第3帧　　　　　　　第5帧

第7帧　　　　　　　第9帧　　　　　　　第11帧

图 5.28　鸽子侧面飞行

（3）时间轴上关键帧截图如图 5.29 所示。

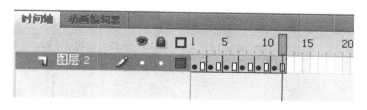

图 5.29　时间轴上关键帧截图

5.3.2 麻雀蹦跳起飞动作

（1）新建 Flash 文件或者按"Ctrl+N"快捷键创建新文档，如图 5.30 所示，帧频率设置为 24fps。

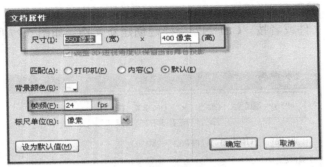

图 5.30 新建文件，设置帧频

（2）用逐帧的绘制方法制作"麻雀蹦跳起飞"动作，如图 5.31 所示。

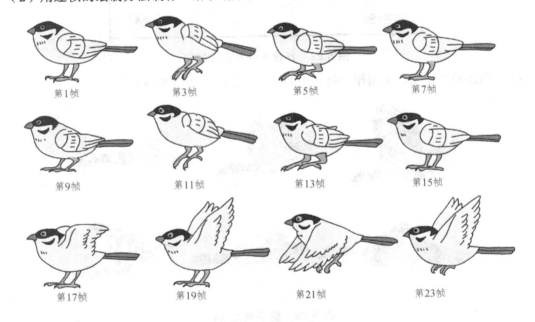

图 5.31 麻雀蹦跳起飞

（3）时间轴上关键帧截图如图 5.32 所示。

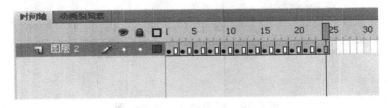

图 5.32 时间轴上关键帧截图

5.3.3　公鸡侧面行走动作

（1）新建 Flash 文件或者按 "Ctrl+N" 快捷键创建新文档，如图 5.33 所示，帧频率设置为 24fps。

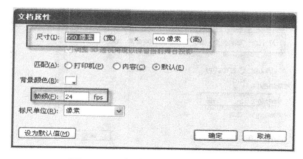

图 5.33　新建文件并设置帧频

（2）用逐帧的绘制方法制作 "公鸡侧面行走" 动作，如图 5.34 所示。

第1帧　　　　　第3帧　　　　　第5帧　　　　　第7帧

第9帧　　　　　第11帧　　　　　第13帧　　　　　第15帧

第17帧　　　　　第19帧　　　　　第21帧　　　　　第23帧

图 5.34　公鸡侧面行走

（3）时间轴上关键帧截图如图 5.35 所示。

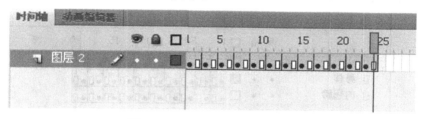

图 5.35　时间轴上关键帧截图

5.3.4 丹顶鹤飞翔动作

（1）新建 Flash 文件或者按"Ctrl+N"快捷键创建新文档，如图 5.36 所示，帧频率设置为 24fps。

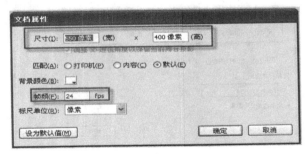

图 5.36 新建文件并设置帧频

（2）用逐帧的绘制方法制作"丹顶鹤飞翔"动作，如图 5.37 所示。

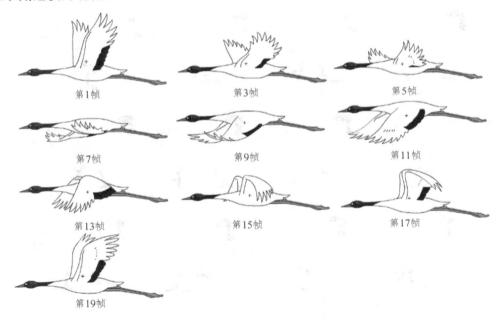

图 5.37 丹顶鹤飞翔

（3）时间轴上关键帧截图如图 5.38 所示。

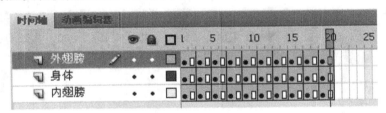

图 5.38 时间轴上关键帧截图

6

Flash 商业广告动画制作实战

6.1 东风标致 Cross 307 广告动画

广告动画主要用于在互联网上进行产品、服务或者企业形象的宣传。由于广告动画中采用了很多电视媒体制作的表达手法，且又具备网络传输的短小精悍的独特优势，这正是 Flash 广告动画之所以风靡全球的原因。动画型广告可以在花花绿绿的网页中让浏览者无意中注意到广告的内容，以达到宣传目的，可以提高广告的点击率。

6.1.1 广告动画构思

6.1.1.1 确定广告主题和内容

标致汽车创始于 1848 年，由阿尔芒·别儒家族在法国巴黎创建。1896 年，别儒在蒙贝利亚尔创建了标致汽车公司。1976 年该公司与雪铁龙汽车公司组成标致集团，是欧洲第三大汽车公司。公司采用 "狮子" 作为汽车的商标。狮子的雄悍、英武、威风凛凛被人们视为高贵和英雄。东风标致 Cross 更是动感时尚和安全的象征。

6.1.1.2 选择素材和制作软件

由于广告动画需要短小干脆的声音效果，因此我们可以在网上找一些特效声音素材。有时由于找到的素材格式是 mp3，因此不能导入动画，这时就需要将之转换为 wav 格式。图片素材可以使用 Photoshop 软件进行抠图或者美化。另外，文字动画在广告是必不可少的，它起到画龙点睛的作用。为了快速制作出酷炫的效果，我们可以使用 SWiSHmax 软件。

6.1.2 素材处理

6.1.2.1 图片处理

使用 Photoshop 软件的快速蒙版功能和钢笔工具可处理汽车和狮子图片，并对其边缘进行羽化，得到标致 Cross 307 的不同方位的四张图片和四个狮子形象。

将图片导入到 Flash 中，选中图片，然后按快捷键 "Ctrl+B" 将图片打散，使用 "套索工具" 中的 "魔术棒" 选项将不需要的部分选中删除，再用橡皮擦工具进行精细修改。如果要裁剪图片，同样需要打散，再新建一图层绘制一个椭圆边框，调整边框到合适位置后，再按 "Ctrl+X" 剪切边框，然后选择图片所在图层，按 "Ctrl+Shift+V" 将边框原地粘贴到同样的位置。选中不需要的部分按 Del 键删除，最终效果如图 6.1 所示。

图 6.1　裁剪图片

6.1.2.2 文字动画制作

打开 SWiSHmax 软件，新建文件，在工具面板中选择文字工具，如图 6.2 所示，在文本选项卡中输入文字，设置文字大小、颜色、排列方向等属性，如图 6.3 所示。

图 6.2　文本工具　　　　　　图 6.3　文本选项卡

点击"添加效果"下拉列表，选择"爆炸巨响"和"疯狂聚集"，它们帧长度都是 20，如图 6.4 所示。

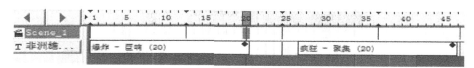

图 6.4　添加效果时间轴

最后点击"保存"按钮，保存为 swi 格式和 swf 格式。

6.1.3　动画设计

（1）点击"文件"/"导入"导入到"库"或者按"Ctrl+R"快捷键将处理好的四张狮子图片导入到库。将图片每隔一个帧在舞台上放置一个图片，打开对齐面板，点击"相对于舞台"按钮，再分别点击"垂直中齐"和"水平中齐"按钮，使图片对齐舞台中央。对齐面板如图 6.5 所示。

图 6.5　对齐面板

（2）按住 Shift 键选中做好的几个帧，单击鼠标右键，选择复制帧，再在做好的几个帧后边点击鼠标右键选择粘贴帧（为了表现不断闪现的狮子形象，可以粘贴几次）。

（3）最后，火红的狮子形象闪现了，放大突出的运动渐变动画。在第 50 帧按 F7 插入空白关键帧，将导入库中的文字动画"非洲雄狮 法国品质"影片拖进舞台。然后在第 95 帧按 F5 插入普通帧，将帧延长，否则文字动画播放不出来。

（4）新建一图层，点击图层，将图层名字改为"声音"，将导入库中的音效拖入，使动画和声音配合恰当。图层排列的时间轴上关键帧，如图 6.6 所示。

图 6.6　时间轴上关键帧

（5）双击文字影片，在当前位置编辑影片，再新建一图层，导入标致图标，将其转换为影片，并添加滤镜模糊效果，如图 6.7 所示。

图 6.7　滤镜模糊

然后通过逐帧动画将标致震动落下。

（6）点击"插入"/"场景"菜单，再新建一场景，默认名称为场景 2。将四个标致"Cross 307"图片导入库中，拖进舞台，选中并将它们分别转换为图形元件，在元件中为每辆车新建一图层，以绘制汽车的阴影。

（7）制作汽车动画。一辆汽车从画面外驶入，通过逐帧动画表现几辆汽车动态旋转展示，如图 6.8 所示。

图 6.8　汽车展示效果

（8）新建卷轴动画影片，一副城市背景图片逐渐展开。时间轴一共有三个图层，分别为：卷轴、遮罩物和背景，它们的时间轴关系如图 6.9 所示。

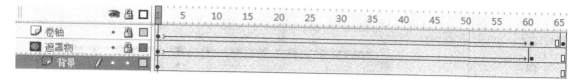

图 6.9　卷轴动画时间轴

卷轴动画效果如图 6.10 所示。

图 6.10　卷轴动画效果

（9）回到场景 2，新建图层并命名为卷轴。将卷轴影片拖进舞台。在卷轴动画播放完毕后，做一个汽车从舞台外开进画面的动画，并且插入开动汽车刹车的声音。

（10）新建图层"条"和"渐变光线"，做光线掠过汽车棱边的动画。沿汽车边沿使用钢笔工具绘制一个线性渐变的填充形状，如图 6.11 所示。

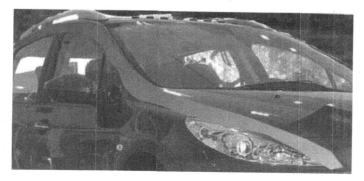

图 6.11　汽车棱角边框

（11）做条状遮罩物来回在汽车棱角边框上运动，在"条"图层右击，选择"遮罩层"，使"条"图层遮罩"渐变光线"图层。图层排列如图 6.12 所示。

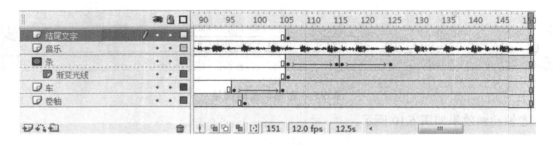

图 6.12　场景 2 图层

动画效果如图 6.13 所示。

图 6.13　汽车光条运动动画

6.2　冰箱广告动画

6.2.1　制作图形元件

本实例所需的元件有影片剪辑、图形元件。

（1）制作企鹅走影片元件。按"Ctrl+F8"创建影片元件，并命名为"企鹅走"。找到一副带有企鹅的图片，然后导入到元件编辑区，按"Ctrl+B"键打散，然后再新建一图层作为描绘企鹅的图层。使用"钢笔工具" 一点一点地描绘企鹅的各个部分并填上颜色。再按 F6 插入几个关键帧，修改每一帧企鹅的姿势做企鹅走路的动作。最后别忘了删掉图片的图层，只留下矢量图的企鹅，如图 6.14 所示。

图 6.14　企鹅走影片元件

（2）制作背景图形元件。因为背景要做渐变动画，所以导入一张图片后，在修改为 300×50 后，转换为元件，并命名为"背景"。

（3）制作冰箱图形元件。按 "Ctrl+F8" 创建一空白图形元件，找一副冰箱图片导入到图形编辑区，再打散，选择"套索工具"中的"魔术棒"选项，在冰箱周围不要的颜色上点一下，选中所有相同色彩的颜色，按删除键删掉。删不尽的选择"橡皮擦"工具擦除，最后只留下冰箱。

（4）制作两个遮罩物图形元件。选择"矩形工具"，在编辑区画一个矩形，设置填充色为绿白绿的线性填充，不要边线，命名为"遮罩物 1"。打开库面板，右击该遮罩物，弹出快捷菜单选择"重制"复制一个。双击并进入它的编辑区，修改它的填充色为蓝白蓝线性填充，并且命名为"遮罩物 2"。

6.2.2　制作渐变的背景动画

步骤 1：拖入"背景"图形元件，在第 15、30、45 帧插入关键帧。然后选中背景，在属性面板中分别改动第一帧的色调，即绿色 18%、红色 41%、黄色 41%、白色 41% 表示一年四季的色彩。

步骤 2：在帧之间单击鼠标右击弹出快捷菜单，选择"创建补间动画"。

6.2.3　制作企鹅的动态效果

步骤 1：把"企鹅走"的影片元件拖到舞台上。

步骤 2：在第 21、27、45 帧插入关键帧。然后把第 1 帧的企鹅缩小并放到舞台的左边，第 21 帧的企鹅放大并置于舞台的中间，第 45 帧的企鹅缩小并放到舞台的右边。然后在 1 到 21 帧之间创建运动动画，27 到 45 帧之间创建运动动画。

6.2.4　添加文本

由于文本必须要和整个场景配合，因此我们不妨把文本图形元件的创建放在场景里，采用"在当前位置编辑"。

步骤 1：选择"文本工具"，在属性面板中选择"静态文本"。输入"有了'南极牌'

冰箱"文字，选中文字转换为影片元件，命名为"文字效果"。点击文本再转换为图形元件。在第 20 帧的时候把文本移动到场景的中间，选择"自由缩放工具" 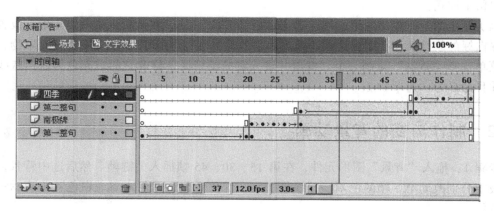把文本由小变大。在第 21 帧再插入关键帧，把文本打散一次，按住 Shift 键点击"南极牌"几个字符，点击"剪切"按钮剪掉它们。该图层的名字为"第一整句"。再新建一图层命名为"南极牌"，在第 21 帧插入关键帧。按"Ctrl+Shift+V"键原地粘贴到新的图层的第 21 帧。选择第 21 帧的文本并转换为图形元件。然后在第 23、25、27、30 帧插入关键帧，把每一关键帧的字作一个大小的变化，以创建运动动画。

步骤 2：新建一图层并命名为"第二整句"，在第 30 帧插入关键帧，在舞台的右端输入文字"还怕一年四季吗？"并转换为图形元件。在第 50 帧插入关键帧，把文字移动到舞台的中间，文字还是由小变大。在第 51 帧插入关键帧，打散文字，选择"四季"两个字剪切掉。新建一图层并命名为"四季"在第 51 帧插入关键帧，把剪掉的文字原地粘贴到这儿来。选择它们并转换为图形元件在属性面板中改一下它们颜色。在 56、60 帧插入关键帧，第 60 帧的文字放大到大出舞台很多，改变色调，将透明度改为 0。点击 51 到 56 帧之间的时间轴，创建运动动画并且在属性面板中选择"顺时针"旋转"一次"。文字动画时间轴如图 6.15 所示。

图 6.15　文字动画时间轴

6.2.5　制作冰箱效果

步骤 1：拖入两个冰箱元件，放在"冰箱"图层，分别在属性面板中将它们色调修改为不同的颜色。

步骤 2：新建一图层并命名为"外框 1"，使用"直线工具" ✏️沿着冰箱的边缘画出冰箱 1 的轮廓。选择该图层的轮廓线，点击"修改"/"形状"/"将线条转换为填充"命令，把线条转换为可填充的图形。同样新建图层命名为"外框 2"，制作另一冰箱的外框。

步骤 3：新建一图层并命名为"遮罩物 1"，把遮罩物 1 图形元件拖入，插入几个关键帧以创建遮罩物 1 随机运动的动画，通过拖动图层把"遮罩物 1"的图层放到"外框 1"图层的下边。在"外框 1"图层上用鼠标右击，选择遮罩层，这样它们就有一个遮罩和被遮罩的关系。运用同样的方法制作出"遮罩物 2"图层和"外框 2"之间的遮罩和被遮罩的图层关系。最终的图层结构如图 6.16 所示。

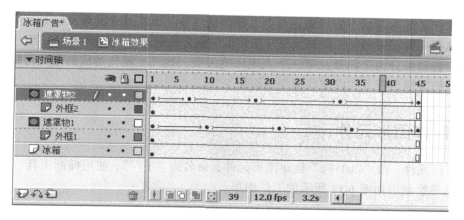

图 6.16　冰箱效果动画图层结构

6.2.6　整体场景安排

步骤 1：在背景图层的上边新建一图层并命名为"企鹅"，在第 22、27、45 帧插入关键帧，创建企鹅从舞台的左边到舞台的中间再到舞的右边运动，并且企鹅也在作由小变大再变小的动画。

步骤 2：新建一图层并命名为"冰箱效果"，把"冰箱效果"的影片剪辑拖入。并按 F5 插入普通帧，使帧长延长到第 45 帧。

最终场景的帧结构如图 6.17 所示。

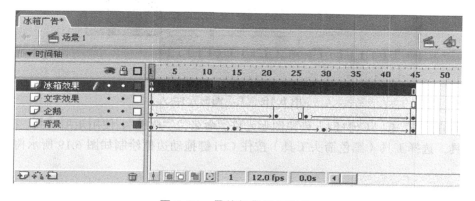

图 6.17　最终场景的帧结构

6.3　低碳生活公益广告

6.3.1　广告构思

随着我国的经济快速发展和人民生活水平的提高，人们人均排放的碳量也越来越大。最近几年越来越多的雾霾都市的景象让每个人都深受其害，因此减少雾霾从你我节能环保意识开始，从你我身边手头做起，比如减少开车，多使用公共交通工具，节约用电等。

公益广告动画分两个场景：第一个表现环境污染，如汽车尾气造成的空气污染；第二个场景表现人们改变出行方式以使环境变得清新美好。

6.3.2　制作图形元件

（1）工厂元件。按"Ctrl+F8"创建图形元件，命名为"工厂"，使用椭圆工具、矩形工具、颜料桶工具等绘制出如图 6.18 所示的工厂图形。

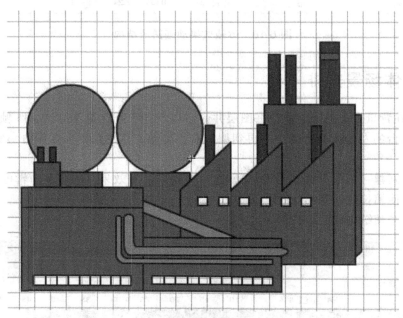

图 6.18　工厂图形元件

（2）树桩元件。按"Ctrl+F8"创建图形元件，命名为"树桩"，使用矩形工具、椭圆工具、颜料通工具，选择工具（黑色箭头工具）按住 Ctrl 键拖动边框绘制如图 6.19 所示树桩图形。

图 6.19　树桩元件

（3）绘制公交车、卡车、小轿车图形元件。使用椭圆工具、矩形工具、颜料桶工具、选择工具和填充变形工具等绘制出如图 6.20 所示的元件。

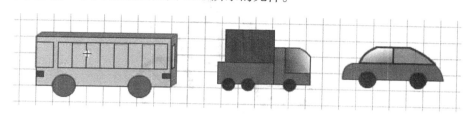

图 6.20　车子元件

6.3.3　制作自行车动画影片元件

步骤 1：按"Ctrl+F8"创建影片元件，命名为"自行车"，使用椭圆工具绘制一个车轮，选中后再按 F8 将之转换为图形元件，在第 25 帧插入关键帧，用鼠标右击，单击创建运动渐变动画，在属性面板设置顺时针旋转一周，如图 6.21 所示。

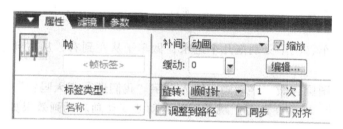

图 6.21　车轮顺时针旋转

步骤 2：在图层名称上单击一下，选中刚创建好的补间动画，在第 1 帧上用鼠标右击，选择复制帧，再新建一图层用鼠标右击，选择粘贴帧，然后调整车轮的位置，使两个车轮并排。

步骤 3：新建一图层，绘制车身，并且导入一个自行车铃声的声音。

步骤 4：新建一图层，绘制人的身体。

步骤 5：新建一图层，做脚踏板运动的逐帧动画；再新建一图层，做脚踏轴运动的运动渐变动画。注意脚踏板和脚踏轴配合要协调。

步骤 6：新建一图层，做双腿运动的形状渐变动画。

图层结构如图 6.22 所示，最终图形如图 6.23 所示。

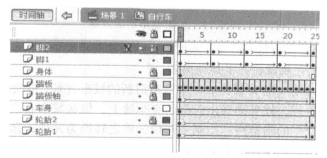

6.22　自行车动画影片图层

图 6.23　自行车动画

6.3.4　整体动画设计

步骤1：回到舞台，绘制天地背景。天的颜色是灰色，大地颜色是灰土色。将树桩元件拖进几个并安排在舞台合适的位置，最后插入背景音乐。

步骤2：新建一图层，将工厂元件拖进舞台。再新建一图层，在烟囱的上边做一团浓烟散开的形状渐变动画。

步骤3：将小轿车、汽车分别拖几个进来，做车子从左到右，从右到左的运动渐变动画。插入汽车喇叭汽笛声。

步骤4：新建一图层，做文字动画，输入文字"我们还有蓝天吗？"并将其转换为元件。做文字从舞台上落下，然后在舞台上跳几下的运动渐变动画。动画效果如图6.24所示。

图 6.24　污染城市动画效果

步骤5：新建一图层，绘制一圆球。圆球填充色为放射填充，做从小到大再变小的形状渐变动画。圆球从舞台上左到舞台右下运动出去。

步骤6：分别新建图层，将背景换成一个整洁清新的城市背景，再绘制一些树木、小草等，并且插入欢快的背景声音，效果为淡出。将公交车放上，做从城市右边运动到左边的运动渐变动画，并且插入公交车的鸣笛声。绘制一些白云将之转换为元件，做白云飘动的运动渐变动画，并且插入小鸟叫、水流动的声音。将自行车影片放在舞台的左右，做从舞台两边分别向对向行驶的运动渐变动画。

步骤 7：做文字动画。输入"低碳生活"将之转换为图形元件，做文字由小变大，并且顺时针旋转 10 周。新建两个图层，分别输入文字"从身边做起"、"从自己做起"。从舞台两边分别向中间运动，最后向下倾斜一下。清新城市动画效果如图 6.25 所示。

图 6.25　清新城市动画效果

7

Flash 宣传片头动画制作实战

7.1　Flash 精品课程学习网片头动画

7.2　校庆片头动画

7.1 Flash 精品课程学习网片头动画

7.1.1 片头动画的构思

7.1.1.1 确定片头动画的主题

片头动画主题就是要明确片头动画所要表达的思想，是一个关于什么的网站。运用简单明了的网站图片或者文字显示和采用精彩简练的动画手段表现出所要包含的主要内容。一个网站必须要有一个明确的主题，就像一篇文章必须有明确的中心思想一样。但由于片头动画是一个时间非常短的短片，因此主题一定要鲜明，节奏一定要明快。

7.1.1.2 选择合适的制作工具

要做一个精彩的动画，除了首选 Flash MX 外，还要一些其他的工具。如处理图片文字或者设计标志工具，如 Photoshop、Coredraw；动画制作工具，如：Cool 3d、Gif Animator 等；还有网页三剑客之一的 Firewoks 也是一个与 Flash 结合非常完美的工具。

7.1.1.3 点缀文字

当增加文字时，尽量将文字设置成容易被阅读的字体和大小。如果用户自己想要一些个性化的字体，就需要下载并且正确的安装，方法请参见后面的具体设计。

7.1.1.4 布局版面

大家常说，第一印象很重要。因此，片头必须包含您的单位或站点所提供的所有服务内容。可以使用一个短的描述性的标题指明站点的主题是什么，也可以加入您单位的徽标。总之，片头动画要看起来干净而有条理。

7.1.1.5 组合色彩

在您开始设计之前，您必须仔细地为动画挑选合适的色彩组合。整个站点要保持同一种色彩组合，因为不同颜色组合的背景或字体可能会让人非常讨厌。大家在选择色彩时大体上应考虑以下几个因素：

① 清楚界定出想要用色彩达到什么样的目的。

② 选择反映设计所需要的主色。

③ 选完中央纯色后，再搭配色彩。

④ 以设计的特点或人的感觉为着眼点，选择色彩更加完美。

例如，用红色来表现热。表现热的色彩会向外辐射，并且引人注目。此种色彩强烈、积极，又具震撼效果。所有含有红色的颜色都能表现温暖的感觉，让人觉得受到欢迎并感到舒适，自然。此种色彩添加了不同程度的黄色，像红橙色、橙色和黄橙色都是红、黄二色的混合体。用纯蓝来表现冷。鲜艳的蓝有命令、强势的意味。表现冷的色彩会让人想起冰和雪。冷冷的蓝抑制新陈代谢，令人冷静沉着。

本节这个网站是表现动画设计学习的一个网站，以鲜艳的红色为主色调，具有奔放、热情特点，给人以力量和信心。首先以"Flash 精品课程学习网"的震撼出现点名主题。然后是本网站的标志、网站地址、网站名称再次出现加以强调。接下来出现网站中的部分案例截图以及一些醒目的提示语言，再出现转动的网站拼音标志，最后是网站名称闪亮登场。在动画里始终有"进入网站"的超级链接出现，用户可以随时点击进入网站学习。

7.1.2 Fireworks 制作 Flash 标志

大家熟悉的网页三剑客由 Dreamweaver、Fireworks、Flash 三个软件组成。Fireworks 不仅具备编辑矢量图形与位图图像的灵活性，它还提供了一个预先构建资源的公用库，并可与 Adobe Photoshop、Adobe Illustrator、Adobe Dreamweaver 和 Adobe Flash 软件集成。Fireworks 提供了优化图片功能，即缩小图片的容量，而且不影响画面的质量。

（1）工具选择：选取框工具、钢笔工具、填充工具。

（2）制作步骤：

步骤 1：导入一幅图片。按"Ctrl+R"键导入图片，然后点击"属性"面板的 符合画布 按钮，使图片和画布一样大。再点击 使画布透明。

步骤 2：在资源面板里选择样式 9，为图片添加现成的样式，滤镜被自动加上。还可以在属性面板里改变滤镜的样式，请双击某一个效果慢慢调节，如图 7.1 所示。

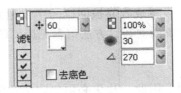

图 7.1　改变滤镜效果

步骤 3：选择框选的"椭圆工具" ，在图片上选择一个合适大小的区域，然后点击层面板的 添加蒙版按钮，效果如图 7.2 所示。

步骤 4：增加一个新图层，使用"钢笔工具"将字母 f 描绘出来作为路径。然后使用渐变填充填上颜色。最后保存成为 jpg 文件待用。

图 7.2　添加蒙版效果

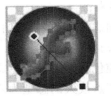

图 7.3　描绘路径

7.1.3　制作立体文字

（1）工具选择：文本工具、属性面板、打散组合命令。

（2）制作步骤。

步骤 1：选择文本工具，用黑体字体输入静态文本"FLASH 精品课程学习网"。在属性面板里调整字符间距至合适效果，文字颜色为金黄色。

步骤 2：新建一图层，在原来图层的关键帧上用鼠标右击，选择复制帧。在新图层的第一个空白关键帧上，用鼠标右击将其粘贴到新图层中。然后使用键盘的方向键改变一下上面图层文字的位置。将下面图层的文字的颜色改变为灰色。如果要单独改变英文的字体和间距等，就需要将文字打散。

步骤 3：最后将文字打散成为单个字，英文"Flash"组合在一起。然后依次选中每一个字并将其转换为元件，以便在以后做动画时使用。

图 7.4　立体文字效果

7.1.4　各种遮罩效果的制作

（1）工具选择：文本工具、属性面板、打散组合命令。

（2）制作步骤。

① 光条掠过"精品课程学习网"的制作。

步骤 1：按"Ctrl+F8"新建影片元件并命名为"wenziguangtiao"。该影片剪辑共有三个图层：图层一为遮底文字，图层二为一个白色的光条，图层三还是和图层一同样的文字，可以采用复制原地粘贴帧的方法将图层一粘到图层三。光条必须是元件，可以画一个线条，然后将其转换为填充并且加粗。

步骤 2：使图层二的光条从文字的左端运动到右端，做一个运动渐变动画。

步骤 3：在图层三上用鼠标右击，选择"遮罩"，则文字遮罩光条，这样就会看到白色的文字而看不到光条。

效果如图 7.5 所示。

图 7.5　文字光条掠过

② 向上滚动的文字制作。

步骤 1：按"Ctrl+F8"新建影片元件，命名为"wenzishang"。随意写一些英文，然后全部选中并按 F8 将其转换为元件。使文字做从下向上的运动渐变动画。

步骤 2：新建一图层，画一个比文字略宽的遮罩条。

步骤 3：在遮罩条图层上用鼠标右击，选择"遮罩"。

效果如图 7.6 所示。

图 7.6　向上滚动文字

（3）运动的方光条制作。

步骤 1：按"Ctrl+F8"新建影片元件并命名为"fangtiao"。使用矩形工具去掉填充色，绘制一个与动画中的图片一样大的矩形框，线条粗一些。

步骤 2：新建一图层、绘制一个矩形，将其转换为元件，填充色可为任意。然后将其倾斜使其做从方框的右下角向左上角运动的动画。

步骤 3：在矩形条图层上用鼠标右击，选择"遮罩"。

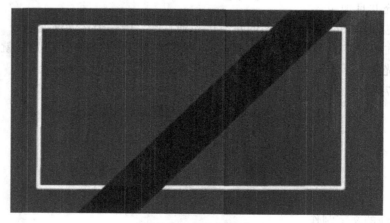

图 7.7　方光条掠过

其他遮罩方法类似，请大家各施其能做出更好的效果。

7.1.5 各种文字动画的制作

（1）开篇动画主题文字震撼登场。

步骤 1：按"Ctrl+F8"新建影片元件并命名为"mingchen"，把前边制作的立体文字元件打开，里边共有 8 个文字元件，将其全选，然后在舞台上用鼠标右击，选择"分散到图层"。这样每个文字都占一个图层，另外还有一个多余的图层将其删掉。

步骤 2：对第一个文字做运动渐变动画，为了使其排列有序，用户可以将标尺调出，并且拉出辅助线。做文字动画先由左上到下运动并且透明度由 0 变为 100。再增加一段文字变大再变小的动画。通过"洋葱皮功能"可以看出其运动轨迹，如图 7.8 所示。

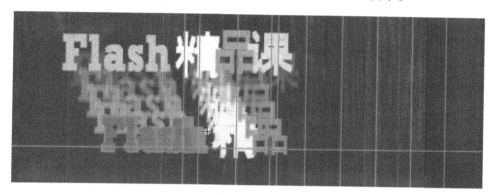

图 7.8　洋葱皮轨迹

步骤 3：其余文字动画效果差不多，只是位置不一样。我们可以将第一图层的所有帧选中，在帧上用鼠标右击，选择复制帧，然后粘贴到其余图层。然后选中文字元件，点击"属性"面板的 交换... 按钮，分别将原来同样的文字换为相应的文字。最后调整每一图层的动画中文字出现的位置，再拖动图层以调节每一图层文字动画出现的时间。

步骤 4：添加声音。在每一文字动画的图层上再增加一图层以放置声音。选中相应的图层，将声音拖入即可，属性面板里声音属性设置如图 7.9 所示。

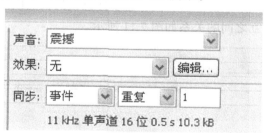

图 7.9　声音属性设置

步骤 5：再加上光条掠过的网站名字的动画和英文名称出现的动画。最后是每个文字逐渐隐去的动画效果。

步骤 6：增加一图层以做闪动的动画。在舞台上画一个能盖住文字的白色矩形。然后隔一帧按 F6 插入关键帧，再在关键帧后边的普通帧上按 F7 变成空白关键帧。

步骤 7：增加图层以做网站名称从右、标志从左出现的动画，然后逐渐隐去。

（2）"启发""实用"等文字动画制作。

步骤 1：按"Ctrl+F8"新建影片元件并命名为"qifa"。将文字元件"启发""实用""创新"从元件库里边拖入到舞台，分别放置在不同的图层。

步骤 2：在第 5 帧按 F6 插入关键帧，做"启发"元件的由透明度 0%变为 100%并且从右边向左运动再到中间运动的渐变动画。在 30 帧插入关键帧，将"启发"稍微向左移动一下，创建运动渐变动画。在第 35 帧插入关键帧，将元件向左移动，透明度变为 0%表示消失。

步骤 3："实用"文字的图层在第 30 帧插入关键帧将"实用"文字元件拖进舞台出现文字。做同样的运动渐变动画。其余文字类似。

步骤 4：在每一个文字图层的上边再新建一图层，将声音拖入，它们的位置要与文字的出现是同步。

提示：为了使动画中运动的物体更加逼真地体现出运动惯性，要注意动画的帧的长短和速度。各文字的帧长度和相互之间的关系如图 7.10 所示。

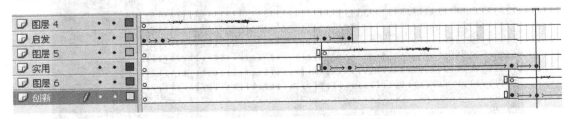

图 7.10　文字运动渐变动画帧

（3）"案例实用"等文字动画制作。

步骤 1：新建影片元件，将"案例实用""技巧体现""经典代表"图形元件拖入到舞台不同的图层上。

步骤 2：再新建一图层，画一个矩形条，其宽度要能遮住文字，即该矩形条可作为遮罩文字的遮罩条。

步骤 3：分别作以上三个文字元件的运动动画，它们都是从下向上运动到遮罩条的位置停下来，然后再向上运动到矩形条的外边。同样也要注意帧的长短以及运动惯性。

各文字的帧长度和相互之间的关系如图 7.11 所示。

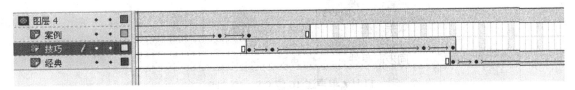

图 7.11　各文字运动渐变动画帧

7.1.6　旋转文字动画制作

步骤 1：在第 1 帧上输入一个字母"F"，将其转化为元件。

步骤 2：点击"添加导引线图层"按钮，给"文字"层的内容添加一个导引线，以控制字母"F"的运动路径。

步骤 3：计算好要转动的字的总数，在图层上添加相应数目的关键帧，这里是"Flash Jingpin Kecheng Xuexi "，加上 4 个空格，共 28 个字。在文字图层的第 56 帧添加一个关键帧，以创建运动渐变动画，在属性面板中选中"调整到路径"。

步骤 4：在"文字"层中第 1 帧和最后 1 帧之间平均地添加上 28 个关键帧，以便给 28 个字确定位置。

步骤 5：按下"同时编辑多帧"按钮，并选择范围为全部，将除了导引线的内容全部选中，然后按"CTRL+C"复制到剪贴板。

步骤 6：新建一个影片元件，命名为"ZHUAN"，将剪贴板上的内容粘贴到工作区中，全部选中，按"Ctrl+B"命令将组元件分离。删除顶部重叠的两个"F"中的一个，然后更改成相应的文字。

步骤 7：新建影片元件并命名为"zhuan1"，将"ZHUAN"元件拖入，然后在第 60 帧添加一个关键帧，将 1～60 帧间的渐变方式设为"运动"，旋转方式设置为"顺时针"。

步骤 8：新建影片元件命名为"xuanzhuan"，将影片元件"zhuan1"拖入两个，分别放在两个图层"文字"和"影子"。并且使用自由变形工具扭曲成为倾斜的样子，将"影子"层的影片的透明度改为 20%，然后都将帧延长到 85 帧，如图 7.12 所示。

图 7.12　旋转文字影片效果

7.1.7　合成动画

我们做了影片元件，如图形元件、声音、图片等，它们就像是一个个的演员，这些演员什么时候出场，以什么方式出场就看导演的妙手安排了。

步骤 1：将影片元件"mingchen"拖入到舞台上面。然后按 F5 延长关键帧，延长到什么时候要通过不断播放测试，直到影片能够完整播放即可。

步骤 2：新建一图层，在"mingchen"影片播放完后的地方插入关键帧以将"zhanshi"影片拖入。这个影片主要是展示网站的主要内容以及一些文字提示等，是动画的主体，图层比较多。在"zhanshi"影片中新建一图层以将"fbiaozhi"影片即 flash 标志拖入放在第一帧画面的左上角，再新建一图层将网站名称图形元件放在标志的右边，如图 7.13 所示。

图 7.13　标志影片的安排

步骤 3：合理安排其他图层的动画，主要是一些遮罩效果和闪烁效果。闪烁效果主要是通过插入关键帧以及空白关键帧来实现。

步骤 4：在"zhanshi"影片的最后一帧插入关键帧，将"jiesu"影片拖入，放在舞台外的右边。该影片图层也比较多，是动画的结尾部分，主要是几幅图片从右向左进入舞台，在舞台中间停顿并且将文字向上走的影片拖入放在另一图层。当图片走出舞台过后，将影片"liekai"拖入到舞台中央。该影片是两个长条向上下展开。上下两个长条是由线性渐变填充的，一边的透明度为 100%，一边为 0%，颜色都为白色。上下两个长条的渐变动画都是运动渐变向两边变窄，最后透明度为 0。紧接着就是动画网站名称的又一次出现，从最大且透明度为 0 到舞台中央下方的运动动画。接着把"xuanzhuan"的文字影片拖入舞台并且是从最大且透明度为 0 变到大小适中且透明度为 100%。在该影片停止后就是光影的动画。该动画是一个椭圆状的放射状填充的白色光晕，它的运动是从和旋转文字大小差不多快速变大并且透明度变为 0。几个元件的位置关系如图 7.14 所示。

图 7.14　结尾影片元件的安排

7.2　校庆片头动画

7.2.1　片头动画的构思

首先确定片头动画的主题。校庆 30 周年纪念日是一个师生欢庆的节日，需要让人全面了解学校，所以动画要有学校简介、校园风景展示、发展成就展示等内容。喜庆就要选择喜庆的色调、音乐和喜庆元素。我们选择色调主要是红色、黄色、明黄色、橙色等。音乐选择"金蛇狂舞锣鼓曲"和"中国古典古筝曲"等。喜庆元素有红灯笼、烟花等。

7.2.2 动画设计

7.2.2.1 开幕动画制作

步骤 1：输入文字"热烈庆祝"，选中文字并将之转化为图形元件，在第 10 帧插入关键帧，将文字由小变大，制作运动渐变动画。

步骤 2：按住 Shift 键选中 1 到 10 帧，用鼠标右击，选择复制帧，新建四个图层，依次向后边粘贴帧，做出文字幻影出现的效果。在最后一图层隔几帧做文字整体左移到舞台左边的动画。图层关系如图 7.15 所示。

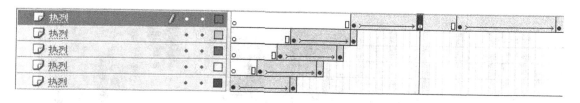

图 7.15　文字动画时间轴

步骤 3：新建一图层，命名为"日出"。选择椭圆工具，填充放射渐变，填充色如图 7.16 所示。然后使用直线工具在椭圆上画一条直线，删除椭圆下半部和直线，剩下半轮红日。在后边几帧插入关键帧，将椭圆使用自由变形工具等比例变大，在中间帧上单击，在属性面板中补间下拉列表中选择形状，创建形状渐变动画。

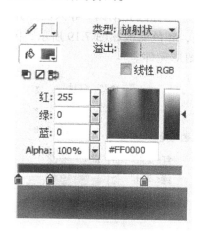

图 7.16　椭圆填充色

步骤 4：新建一图层，命名为"校名"，输入学校名称。文字颜色为白色。隔几帧在后边插入关键帧，在属性面板中将文字色调变为红色，色彩数量为 80%，在帧中间用鼠标右击创建运动渐变动画。

步骤 5：新建一图层，命名为"倒影"，复制校名的第一个关键帧，粘贴到"倒影"图层的同样帧位置，选中文字，点击菜单 "修改"/"变形"/"垂直翻转"，将文字垂直翻转为倒影，在属性面板中将透明度变为 0。隔几帧插入关键帧，让文字向下移动并且色调变为红色，色彩数量为 54%。

步骤 6：新建一图层，命名为"线条"。在和前边"校名"、"倒影"相同的帧位置绘制一条黄色直线。隔相同数量的帧插入关键帧，将直线边长设为和文字一样长，创建形状渐变动画，做线条延长的动画。

最后时间轴如图 7.17 所示。动画效果如图 7.18 所示。

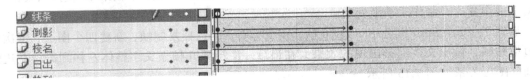

图 7.17　校名动画时间轴

图 7.18　校名动画效果

步骤 7：新建图层，制作 30 年图标闪光动画。导入图标并打散作为遮罩层，新建一图层，以绘制一个颜色为线性的闪光条，颜色面板如图 7.19 所示，闪光条形状如图 7.20 所示，点击选中闪光条，按 F8 将之转换为图形元件。

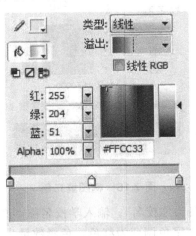

7.19　闪光条线性渐变

7.20　闪光条形状

在闪光条图层做闪光条在图标上来回运动的渐变动画。然后在图标图层用鼠标右击，选择"遮罩层"。为了能够看到完整的图标，再新建一图层，将图标图层的关键帧复制粘贴过来。图层关系如图 7.21 所示。

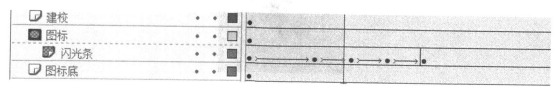

图 7.21　闪光图标图层

步骤 8：制作灯笼动画。新建一图层，命名为"灯笼"，使用椭圆工具绘制一个灯笼，其填充色为放射渐变，放置在舞台左上角。选中灯笼，按 F8 将之转换为图形元件。灯笼如图 7.22 所示。

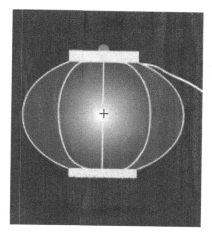

图 7.22　灯笼形状

步骤 9：在"灯笼"图层上点击 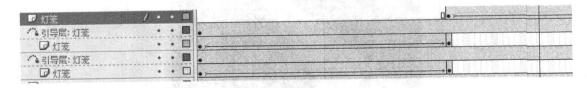 添加一引导图层，使用铅笔工具绘制一条引导线，以引导灯笼向中间运动。同样增加图层，在舞台右上角放置一灯笼，添加引导图层，绘制另一条引导线。

步骤 10：在"灯笼"图层按 F6 添加另一关键帧，将灯笼移到舞台中央，并且放大。

步骤 11：当灯笼运动到舞台中央时，再增加一图层，将之前运动到舞台中央的灯笼关键帧复制粘贴过去，做灯笼变大直到覆盖整个舞台的运动渐变动画。图层关系如图 7.23 所示。

图 7.23　灯笼运动时间轴

步骤 12：制作礼花影片。按"Ctrl+F8"新建元件，选择影片剪辑，命名为"light_mc"。在舞台中央绘制一个如图 7.24 所示的烟花形状，按 F8 将之转换为图形元件，再插入关键帧做烟花从左向右运动飞出去的动画，并且将烟花透明度变为 0。然后在后边几帧按 F5 插入普通帧以延长烟花的停留时间。

图 7.24　烟花形状

步骤 13：再新建一影片元件，命名为"lh_mc"。绘制一个烟花未炸开的形状，将之转换为图形元件，做从下到上的运动渐变动画。当上升到终点时新建一图层，按 F6 插入关键帧，将"light_mc"影片拖入上升烟花的末端，在后边几帧按 F5 延长时间。再新建一图层以插入烟花上升时的音效和爆炸时的音效。

步骤 14：添加动作脚本。在"light_mc"影片的第一帧单击，按 F9 打开动作面板，输入如下脚本：

```
// 第一段设置礼花爆炸的火花数量
// 第二段使各火花产生随机的颜色
// 第三段复制火花，设置旋转角度、大小及透明度等属性
for（i=1；i<150；i=i+1）{
myColorTransform = new Object（）；//创建一个新对象
myColorTransform.ra = random（100）；//红色成分的百分比
myColorTransform.rb = random（255）；//红色成分的偏移量
myColorTransform.ga = random（100）；//绿色成分的百分比
myColorTransform.gb = random（255）；//绿色成分的偏移量
myColorTransform.ba = random（100）；//蓝色成分的百分比
```

```
myColorTransform.bb = random（255）; //蓝色成分的偏移量
myColorTransform.aa = random（100）; //透明度的百分比
myColorTransform.ab = random（255）; //透明度的偏移量
myColor = new Color（lh）; 实例化类
myColor.setTransform（myColorTransform）;
duplicateMovieClip（"lh", "lh"+i, i）; //复制影片 lh
setProperty（"lh"+i, _rotation, random（360））; //设置复制影片的旋转度
transform = random（100）;
setProperty（"lh"+i, _xscale, transform）;
setProperty（"lh"+i, _yscale, transform）;
setProperty（"lh"+i, _alpha, transform）; //设置复制影片的大小和透明度
}
```

再新建一图层，在最后帧插入关键帧，同样输入脚本代码：

```
for（i=1; i<150; i=i+1）{
setProperty（"lh"+i, _visible, false）; //使最后的烟花不可见
}
```

最终的图层关系如图 7.25 所示。

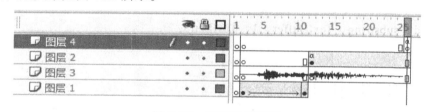

图 7.25　礼花影片图层

步骤 15：回到舞台，新建一图层，在适当的时间轴位置插入关键帧，将"lh_mc"拖入到舞台的下边并且在属性面板中设置影片实例名称为"aa"。再新建一空影片元件，将之同样拉到舞台下边，点击影片添加影片剪辑脚本：

```
onClipEvent（mouseDown）{
var px, py;;
px = _xmouse;
py = _ymouse;
setProperty（_root.aa, _x, px+20）;
setProperty（_root.aa, _y, py+120）;
_root.aa.play（）;
}//鼠标按下时改变实例 aa 的 x, y 坐标
```

7.2.2.2　打字效果字幕动画

步骤 1：按"Ctrl+F8"新建影片元件，命名为"打字"，选择文本工具，在舞台上拖出一个文本框，在属性面板中选择文本属性为"动态文本"，输入学校简介文字，变量名为"TypeField"。属性面板中的设置如图 7.26 所示。

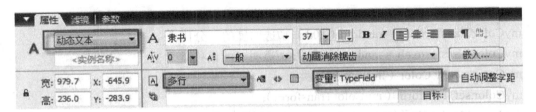

图 7.26　文本属性面板

再新建一图层，点击第 1 帧，在脚本面板中输入脚本：

TextBuffer = TypeField；

TypeField = ""；

TextLen = 1；//设置文本初始值

第 2 帧输入：

call（"6"）；

第 5 帧输入：

gotoAndPlay（2）；

第 6 帧输入：

if（Number（TextLen）<=Number（length（TextBuffer））and Number（TextLen）<>0）{

TextLen = Number（eval（"TextLen"））+1；

TypeField = substring（TextBuffer，1，TextLen）；

} else {

TextLen = 0；

}//如果文字没有显示完，继续显示

步骤 2：按"Ctrl+F8"新建影片元件并命名为"简介"。将"打字"影片元件从库面板中拖入到舞台上。在属性面板中，影片剪辑实例名称为"typer"，如图 7.27 所示。

图 7.27　影片剪辑实例名

再新建一图层，将打字的音效拖进舞台，延长帧至适当的位置，使文字和声音搭配合适，并且将文字打完。

步骤 3：回到主场景，新建图层并命名为"简介"，将"简介"影片拖入舞台并且延长帧长度直到与影片里边的帧长度一致，使文字能够打完。

7.2.2.3　校园风景展示动画

步骤 1：在文字打完后的帧位置再新建一图层以插入关键帧，图层命名为"飘动文字"，按"Ctrl+F8"新建影片元件"校园风景"。输入静态文字"校园风景"，选中文字，按"Ctrl+B

"打散成单个字。分别选中每一个字，按 F8 将它们转换为图形元件。然后全部选中，在菜单中选择"修改"/"时间轴"/"分散到图层"，将四个文字分散到不同的图层。

步骤 2：做每一个文字从下到上飘出去的动画。在每一个文字的适当位置插入关键帧，将文字选择自由变形工具压缩翻转并且扭曲拉伸一下，放到右上适当的位置，创建运动渐变动画，使文字飘出去。其他几个文字也是一样，只不过它们变动的起始位置要靠后，即关键帧要在上一个文字第一个关键帧后边几帧插入关键帧。帧和图层关系如图 7.28 所示。

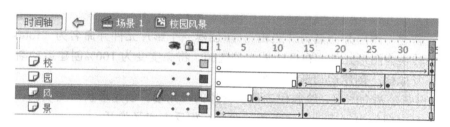

图 7.28　飘动文字动画时间轴

然后按住 Shift 键，在文字图层的关键帧上点击将前后帧都选中，用鼠标右击，选择"翻转帧"，使文字变成由上到下飞回来的感觉。其余几个图层都类似。在最后一帧加入脚本 stop，让影片动画停止播放。

步骤 3：新建一图层并命名为"图片背景"，每隔 28 帧插入空白关键帧，将制作好的校园风景图片分别拖入，都居于舞台中央排列。

步骤 4：新建一图层，命名为"百叶窗"，插入关键帧，绘制一个白色没有边框的矩形条以盖住背景图片，高度为 20 像素。在第 6 帧将矩形条高度变为 1，透明度变为 0，创建运动渐变动画，然后选择前后关键帧，复制帧，在新建图层的后边一帧粘贴，将两个矩形条排列对齐。依次重复直到将整个图片盖满为止。在最后一帧加入脚本 stop。图层关系如图 7.29 所示

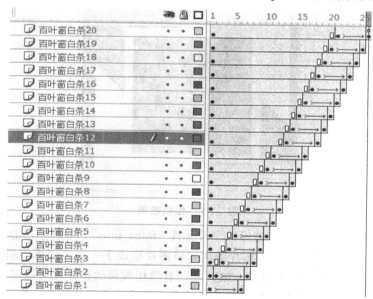

图 7.29　百叶窗图层

7.2.2.4 做"办学特色"动画

步骤1：新建一图层，命名为"特色"。创建影片元件并命名为"特色"。在库面板中选择"校园风景"影片，用鼠标右击，选择"直接影片"，复制影片并将名字改为"办学特色"，双击该影片，进入到影片编辑区，将原来的校园风景四个字分别双击改为办学特色四个字。将复制好的"办学特色"影片拖进"特色"影片中。

步骤2：再新建一图层并命名为"底片"，在后边适当的帧位置插入关键帧，绘制一个相框样式的矩形。

步骤3：新建一图层并命名为"照相"。新创建一个影片元件并命名为"fotos_mov"，导入一幅图片，转换为图形元件，在后边插入关键帧，将亮度变为100%创建运动渐变动画，再在后边几帧恢复原样，创建运动渐变动画。

步骤4：再新建两个图层，绘制代表相机叶片的三角形，创建形状渐变动画，使三角形从左上和右下两个方向向中间运动盖住图片。然后在相反方向又弹开。

步骤5：为了使相机叶片只在图片上看见，所以再新建一图层，绘制一个矩形框，恰好盖住图片。然后使之遮罩两个三角形形状渐变动画的图层。图层关系如图7.30所示，相机效果如图7.31所示。

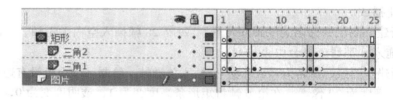

图7.30 拍照效果时间轴

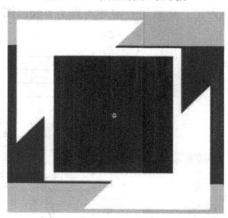

图7.31 相机效果

步骤6：在库面板中选中刚才做好的影片元件"fotos_mov"，用鼠标右击，选择直接复制，改名为 fotos_mov1，然后双击进入影片编辑区将图片换成下一副。同样将所有照相影片都复制，然后双击进入影片将图片换成下一幅，则所有照相效果的影片就可以了。

步骤7：回到"特色"影片，将做好的每一个照相效果的影片拖进，排列在舞台中央。再新建一图层，在出现图片的位置放置照相声音特效。图层关系如图7.32所示。

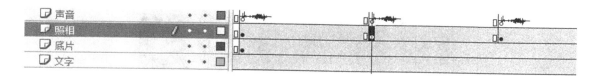

图 7.32　"特色"影片图层

7.2.2.5　做"领导关怀"动画

步骤 1：新建一图层并命名为"飘动文字"，在库面板中复制飘动文字影片并重新命名"领导关怀"，改变影片中的文字为"领导关怀"，然后拖进舞台上。

步骤 2：新建一图层，命名为"水滴"，使用椭圆工具绘制一个水滴形状，将之转换为图形元件，创建水滴由舞台上向下落到舞台中央的运动渐变动画。在最后一帧将水滴透明度变为 0。

步骤 3：做水波散开动画。新建影片元件，命名为"水波"，使用椭圆工具绘制一个不要填充色的小椭圆边框，在第 15 帧插入关键帧，将椭圆用自由变形工具变大，做形状渐变动画。再新建图层，复制刚才做好的动画帧粘贴过来。不过帧的起始位置要比上一层靠后几帧。依次做好四个图层，图层关系如图 7.33 所示。

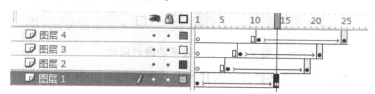

图 7.33　水波动画时间轴

步骤 4：做图片在水波下出现并且鼠标放上会出现图片提示的动画。按"Ctrl+F8"新建影片元件并命名为"领导一"，导入一张领导视察图片作为背景，再新建一图层，将帧复制粘贴过去，把图片稍微放大一点。再新建图层，将做好的水波影片拖入放在图片上。用鼠标右击，选择"遮罩层"，使水波遮罩图片。

步骤 5：新建一图层，命名为"按钮"。按"Ctrl+F8"新建一按钮元件，再点击帧以绘制一个与图片大小一样的矩形框。在"点击帧"做的按钮也叫隐形按钮，鼠标可以点击但是看不到按钮。将按钮拖进按钮图层放置在图上。

步骤 6：添加动作脚本。点击按钮，在动作面板上输入脚本：

```
on（rollOver）{
gotoAndPlay（2）;
}//当鼠标移上去，跳到第二帧播放
on（rollOut）{
gotoAndPlay（1）;
}//当鼠标移开，跳到第一帧播放
```

步骤 7：新建一图层，在第一帧添加脚本 stop，在第 2、5、8、10 帧插入关键帧，在每一关键帧绘制一个椭圆，最后一个椭圆写上文字注释。动画画面如图 7.34 所示，时间轴如图 7.35 所示。

图 7.34　领导关怀动画

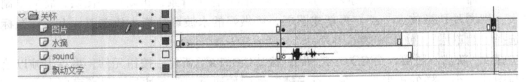

图 7.35　领导关怀动画时间轴

步骤 8：复制做好的领导关怀影片，将其改名后替换每一个影片里边的图片，做成几个不同领导视察关怀的影片。

步骤 9：回到主场景，将做好的不同领导关怀影片在适当的帧位置放在舞台上去。最终时间轴如图 7.36 所示。

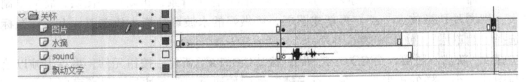

图 7.36　领导关怀时间轴

7.2.2.6　卷轴展开动画

步骤 1：新建图层，命名为"字底"，绘制一个没有边框的窄矩形条。选中矩形条后按 F8 转换为图形元件，在属性面板上将透明度变为 32%。在后边帧的适当位置按 F6 插入关键帧，将矩形条变宽以覆盖整个舞台，在帧之间用鼠标右击创建运动渐变动画。

步骤 2：新建一图层，命名为"正字"，输入竖排文字，作为总结语。

步骤 3：新建一图层，命名为"遮罩物"，将"字底"图层的动画帧复制粘贴过来。在该图层上用鼠标右击，选择"遮罩层"，让遮罩物遮罩竖排文字，逐渐显示文字出来。

步骤 4：新建一图层，命名为"反字"，将正字图层的文字复制粘贴到该图层，选中文字，在菜单中点击"修改"/"变形"/"水平翻转"，将文字透明度设为 69%，色调调为灰色，做文字从舞台外边向右运动渐变动画。

步骤 5：新建一图层，命名为"卷轴"，绘制一个没有边框的窄矩形条，选中矩形条后按 F8 转换为图形元件，在属性面板上将透明度变为 48%。将卷轴转换为图形元件后，做卷轴从左向右的运动渐变动画。在该图层上用鼠标右击，选择"遮罩层"，让卷轴遮罩反字。

步骤 6：新建一图层，命名为"卷轴"，将刚才做好的时间轴帧复制粘贴过来，去掉遮罩改变为普通层。最终时间轴如图 7.37 所示，动画效果如图 7.38 所示。

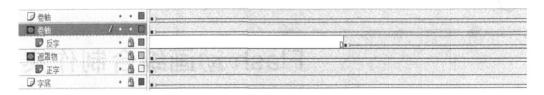

图 7.37　卷轴动画时间轴

图 7.38　卷轴动画效果

Flash 动画综合制作实战

通过前面地学习，读者对 Flash 工具的使用已有所了解。为了巩固前面已经学过的知识，本章将以"奥迪汽车宣传动画"的制作为例来讲解 Flash 工具的综合使用方法，让读者更好地学习 Flash 动画的制作方法。

奥迪汽车宣传动画部分动画截图效果展示如图 8.1 所示。

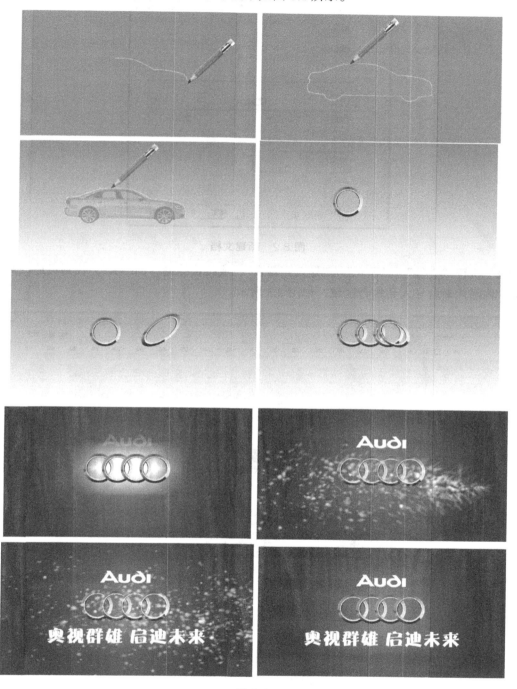

图 8.1

具体制作步骤如下：

（1）新建文档。将尺寸设置为 1280×720，帧频为 25fps，点击"确定"按钮创建文档，如图 8.2 所示。

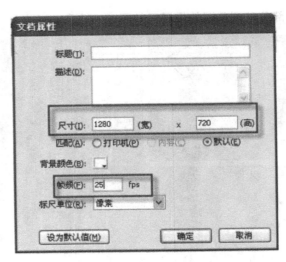

图 8.2　新建文档

（2）执行"文件"/"导入"/"导入到舞台"，或按快捷键"Ctrl+R"，找到奥迪汽车图片素材，将图片素材导入到舞台区域，如图 8.3 所示。

图 8.3　导入图片素材

（3）在舞台区域选中图片素材，执行"修改"/"分离"，或按快捷键"Ctrl+B"，将图片素材分离，在图层面板新建图层 2，将图层 1 锁定。选择工具箱中的"线条工具"，将线条颜色设置为绿色，在图层 2 沿着汽车的外轮廓绘制调整汽车的外部轮廓线。绘制过程中使用"选择工具"将直线调整成曲线轮廓，如图 8.4 所示。

图 8.4 绘制汽车轮廓线

（4）绘制完汽车轮廓线后，用鼠标左键点击图层 2，选中汽车轮廓线，执行"鼠标右键"／"剪切"，如图 8.5 所示。解除图层 1 的锁定，在图层 1 舞台空白区域执行"鼠标右键"／"粘贴到当前位置"，将轮廓线粘贴到图层 1，如图 8.6 所示。

图 8.5 剪切汽车轮廓线

（5）使用"选择工具"选中汽车以外的背景区域，按"删除键"删除背景区域，留下汽车图形部分，"选择工具"选中汽车图形并按快捷键 F8 弹出转换为元件对话框，在名称栏输入汽车，类型选择图形，将选择的图形转换为图形元件，点击"确定"按钮，如图 8.7 所示。

图 8.6　粘贴汽车轮廓线

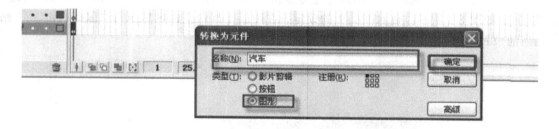

图 8.7　将汽车图形转换为图形元件

　　（6）选择舞台区域创建的汽车元件，按"删除键"将汽车元件暂时删除，留下汽车轮廓线。此时汽车图形元件没有被真正删除，按快捷键 F11 打开元件库面板，在库里面我们可以随时调用汽车图形元件，最后将背景色修改为橙黄色，如图 8.8 所示。

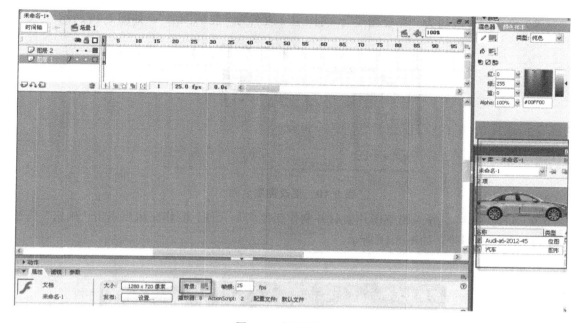

图 8.8　修改背景色

（7）框选汽车轮廓线，执行"鼠标右键"/"复制"，到图层 2 执行"鼠标右键"/"粘贴到当前位置"，将图层 2 轮廓线颜色修改为白色，打开底部的属性面板，将轮廓线条的笔触高度设置为 2，如图 8.9 所示。

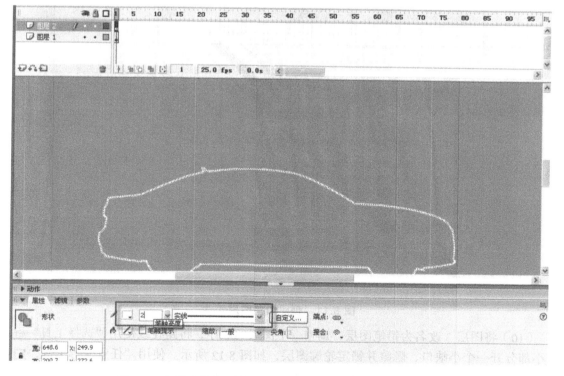

图 8.9　将轮廓线复制粘贴到图层 2 并修改颜色和笔触高度

（8）将图层 1 改名为"路径图层"，将图层 2 改名为"轮廓图层"，如图 8.10 所示。

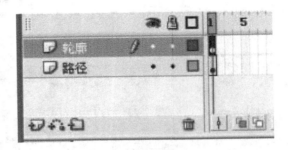

图 8.10　更改图层名称

（9）新建图层 3，导入铅笔图片素材并制作铅笔图形元件，制作完成后点击"确定"按钮完成图形元件的创建，如图 8.11 所示。

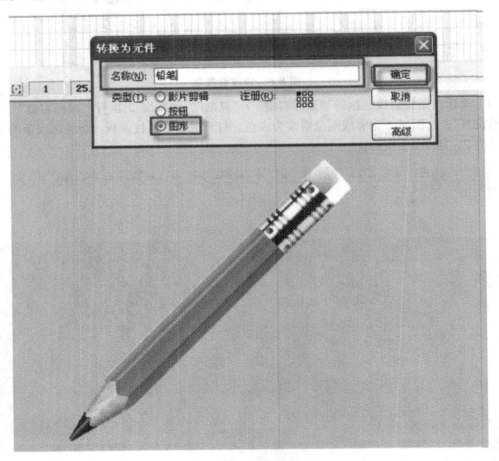

图 8.11　创建铅笔图形元件

（10）将图层 3 改名为铅笔图层，调整一下图层的顺序，将路径线使用"选择工具"框选一小部分开一个小缺口，隐藏并锁定轮廓图层，如图 8.12 所示。使用"任意变形工具"将铅笔图形元件的轴心调整至铅笔鼻尖的顶端，如图 8.13 所示。

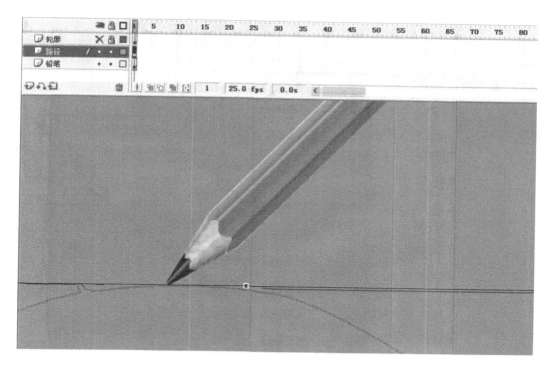

8.12　调整图层顺序制作路径线小缺口

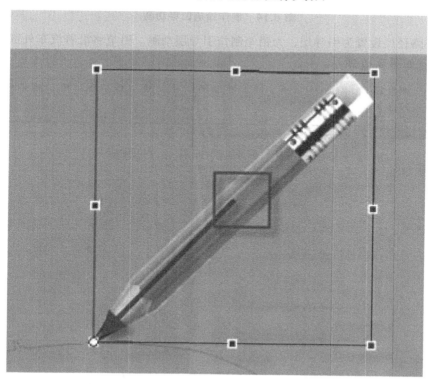

图 8.13　将铅笔元件的轴心调整至铅笔鼻尖图

（11）制作铅笔位移动画，如图 8.14 所示。

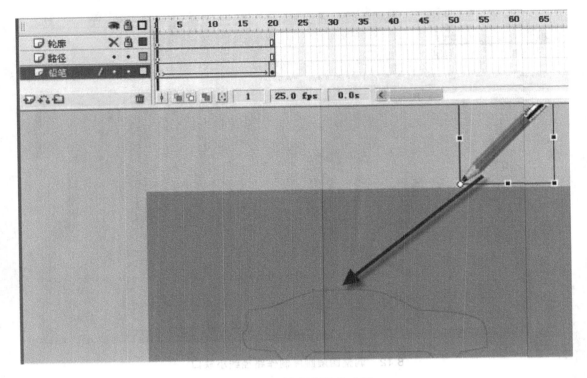

图 8.14　制作铅笔位移动画

（12）将路径层设置为引导层，为铅笔制作引导层动画。铅笔将沿着汽车外部轮廓线做路径动画运动，如图 8.15 所示。

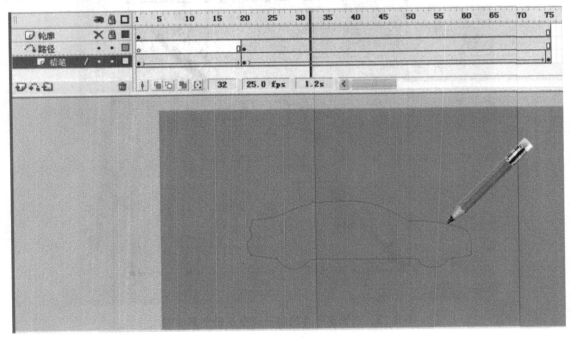

图 8.15　为铅笔制作引导层动画

（13）解除轮廓图层的锁定并显示轮廓图层，锁定铅笔图层和路径图层，框选轮廓图层 20 帧到 75 帧，执行"鼠标右键"/"转换为关键帧"，如图 8.16 所示。

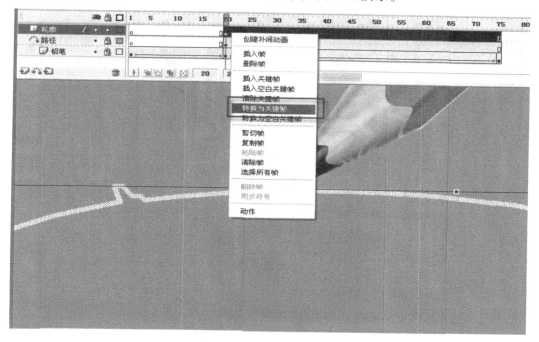

图 8.16　转换为关键帧

（14）逐帧框选擦除铅笔未绘制出的关键帧轮廓线部分，逐帧留下铅笔路径绘制出的轮廓线部分，以制作出用铅笔逐渐绘制出汽车轮廓线的特殊效果，如图 8.17 所示。

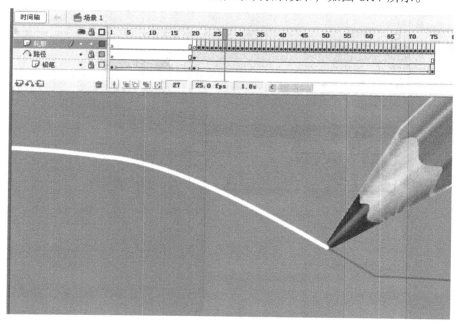

图 8.17　制作铅笔逐渐手绘出汽车轮廓线效果

（15）擦除制作完的铅笔逐渐手绘出汽车轮廓效果，如图8.18所示。拖动时间轴观看效果，此时铅笔将沿着汽车边缘手绘勾画出汽车造型轮廓线。

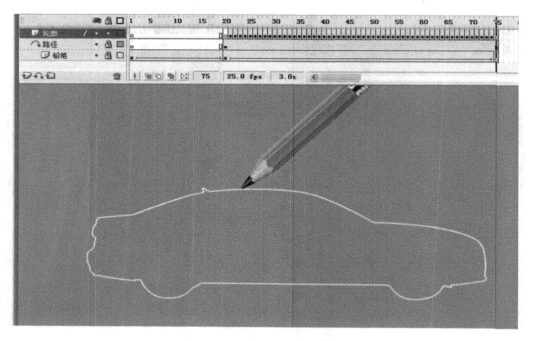

图 8.18　擦除制作完成手绘效果

（16）新建背景图层，制作渐变背景。选中渐变背景图形，按快捷键"F8"将背景图形转换为图形元件，命名为"背景"，如图8.19所示。

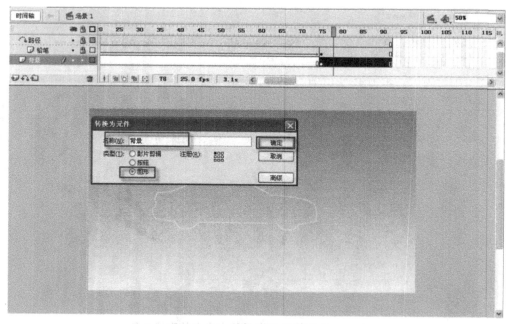

图 8.19　制作渐变背景元件

（17）选中轮廓图层最后一帧关键帧（第 75 帧）的轮廓线，按快捷键"F8"转换为图形元件，命名为"轮廓"，如图 8.20 所示。

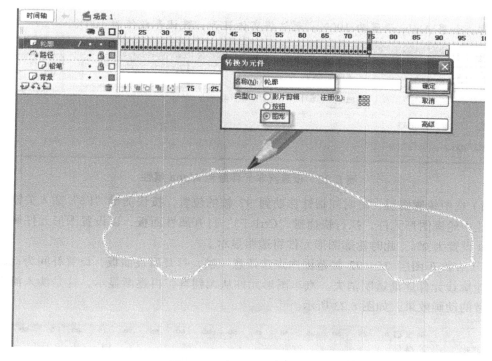

图 8.20　制作轮廓图形元件

（18）新建图层并命名为汽车层，将元件库中前面制作的汽车图形元件拖动到舞台区域并与汽车轮廓线进行位置匹配，如图 8.21 所示。

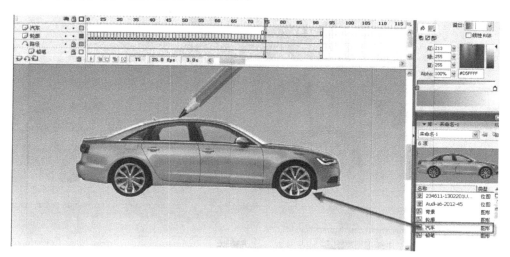

图 8.21　匹配汽车元件位置

（19）选中汽车图层，将时间指针移动到 92 帧的位置，按快捷键"F6"插入关键帧，将指针移动到第 75 帧关键帧位置，选中汽车图形元件，执行快捷键"Ctrl+F3"打开属性面板，以设置图形元件属性，其颜色 Alpha 设置为 0%，此时汽车图形元件将透明显示，如图 8.22 所示。

注意：如果 Alpha 设置为 100%，元件将实体显示，默认参数值为 100%。

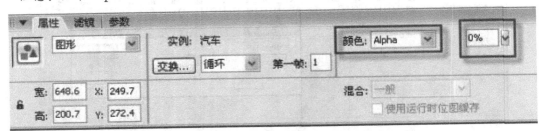

图 8.22　设置汽车元件颜色 Alpha 属性

（20）选中轮廓图层，将时间指针移动到 92 帧的位置，按快捷键"F6"插入关键帧，在当前帧选中轮廓图形元件，执行快捷键"Ctrl+F3"打开属性面板，以设置图形元件属性，颜色 Alpha 设置为 0%，此时轮廓图形元件将透明显示。

（21）在汽车图层 75～92 帧范围内点选任意一帧，打开属性面板，设置补间为动画，此时汽车轮廓线元件逐渐透明消失。汽车图形元件从无到有，再逐渐显示，这是淡入淡出相互过渡交替的动画效果，如图 8.23 所示。

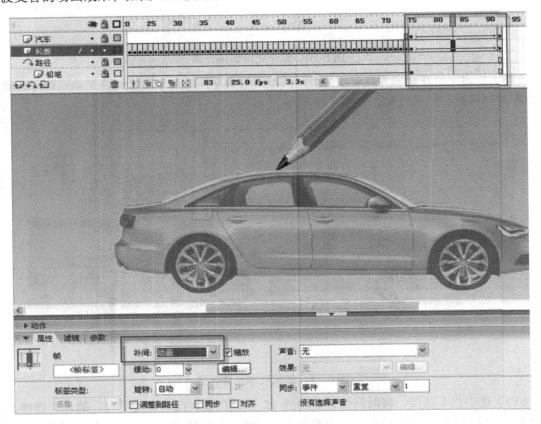

图 8.23　淡入淡出动画效果

（22）选中铅笔图层，将时间指针移动到 92 帧的位置，选中铅笔图形元件，设置元件的颜色 Alpha 为 0%，让铅笔图形元件逐渐透明消失，做一个淡出效果，如图 8.24 所示。

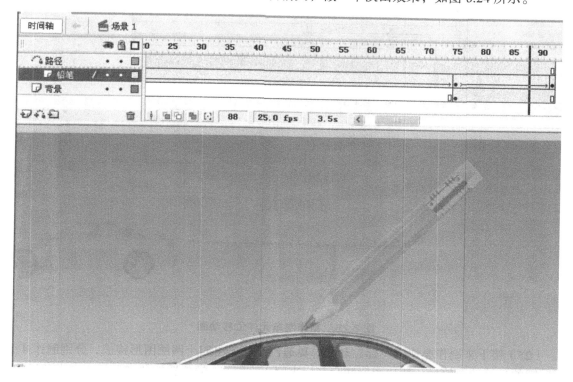

图 8.24　铅笔元件逐渐透明消失

（23）将时间指针移动到第 92 关键帧位置，按快捷键"F5"将关键帧时间延长到 130 帧。再点选轮廓图层、路径图层、铅笔图层，在第 93 帧位置按快捷键"F7"插入空白关键帧。此时轮廓图形元件、路径线、铅笔元件将从舞台消失，如图 8.25 所示。

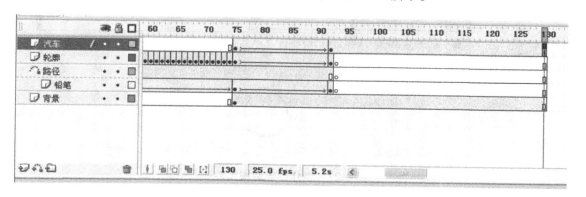

图 8.25　延长时间，插入空白关键帧

（24）在汽车图层点选第 130 帧，按"F6"插入关键帧，在舞台区域选中汽车元件，将汽车元件移动到舞台区域外，添加动画补间，制作出汽车缓缓开出舞台画面的效果，如图 8.26 所示。

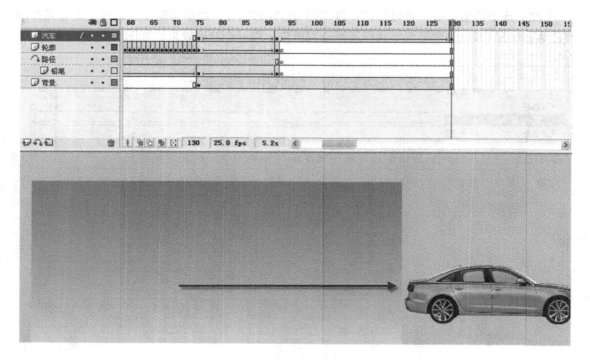

图 8.26　制作汽车元件位移动画

（25）接下来制作奥迪汽车标志动画。奥迪汽车标志由四个圆圈图形构成，分别制作 4 个不同圈的运动动画效果。新建图层并命名标志圈 1，在 130 帧位置按 "F7" 插入空白关键帧，同时在舞台区域制作出奥迪汽车标志圆圈元件，如图 8.27 所示。

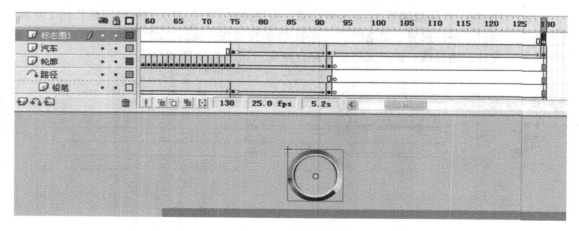

图 8.27　制作标志圆圈元件

（26）使用 "任意变形工具" 移动圆圈元件轴心点到底部位置，如图 8.28 所示。接下来制作圆圈 1 元件由舞台顶部掉入舞台的动画效果，圆圈在下掉过程中会受到重力的影响会产生拉长夸张变形，到舞台地面会受到撞击产生压扁变形，受到地面力的影响会来回弹跳变形。随着力的逐渐减弱，圆圈弹跳高度会越来越低，变形幅度也会越来越小，直到停止不动，如图 8.29 所示。时间轴关键帧效果如图 8.30 所示。

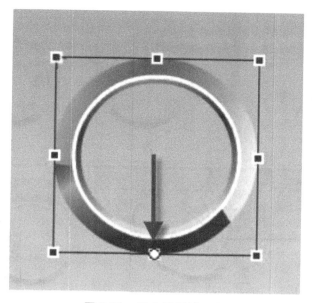

图 8.28　改变圆圈轴心点

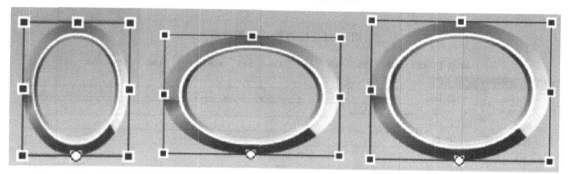

图 8.29　圆圈发生形变

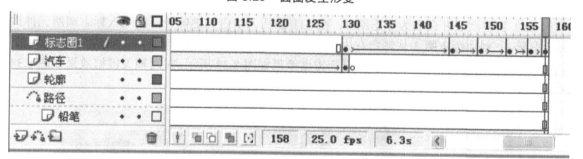

图 8.30　圈 1 时间轴关键帧效果

（27）新建图层并命名为标志圈 2，在 159 帧处插入空白关键帧，再次拖入标志圆圈元件作为标志圈 2。使用图层遮罩的方式制作标志圈 2 逐渐冒出地面，然后左右倾斜摇摆一下。圈 2 顶部向右倾斜拉长变形，缓冲一定力量后，飞快组合到左边圈 1 圆环上，在制作过程中要注意时间的精准以及图形的夸张变形效果，做出运动的力量感与重量感，如图 8.31 所示，时间轴关键帧效果如图 8.32 所示。

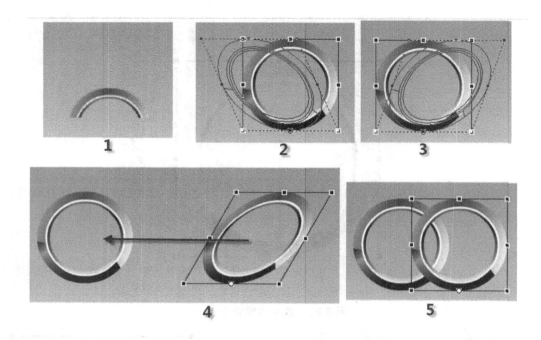

图 8.31　标志圈 2 动画效果

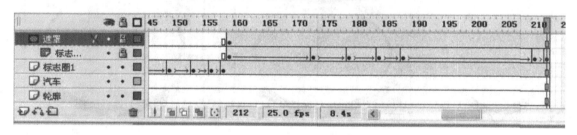

图 8.32　圈 2 时间轴关键帧效果

（28）新建图层并命名为标志圈 3，在 211 帧插入空白关键帧，再次拖入标志圆圈元件作为标志圈 3。制作标志圈 3 从舞台右边快速飞入舞台中间的动画，与前两个圈组合在一起，制作过程中要把握好时间节奏。图形的形变力度效果如图 8.33 所示。时间轴关键帧效果如图 8.34 所示。

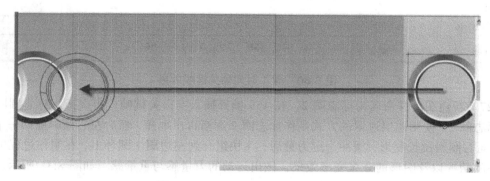

图 8.33　标志圈 3 快速飞入舞台

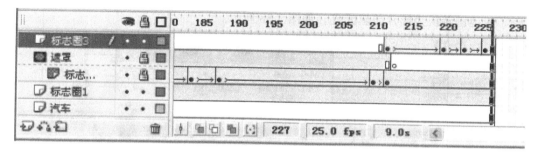

图 8.34　圈 3 时间轴关键帧效果

（29）采取与标志圈 3 同样的做法，制作出标志圈 4 快速飞入舞台中央，与前面三个圈组合成奥迪汽车标志的动画效果，如图 8.35 所示。时间轴关键帧效果如图 8.36 所示。

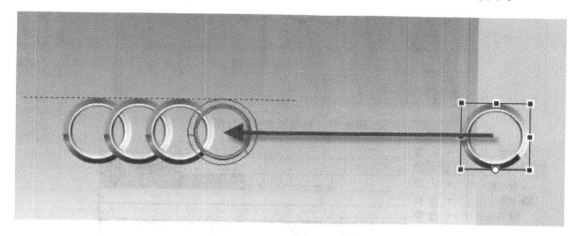

图 8.35　制作圈 4 飞入舞台动画

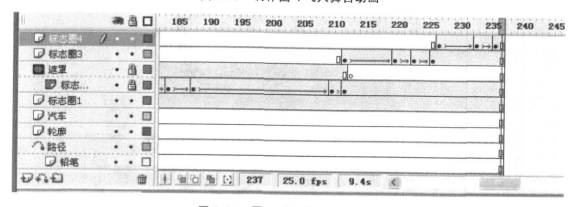

图 8.36　圈 4 时间轴关键帧效果

（30）新建背景图层 2，绘制矩形并填充放射状渐变颜色。选中矩形渐变图形，按快捷键"F8"转换为元件 1 图形元件，如图 8.37 所示。

（31）新建一个图层并命名为标志图层，再选中标志圈 1、2、3、4 各图层上的标志圈图形，执行"鼠标右键"/"复制"，然后在刚新建的标志图层 237 帧位置按"F7"快捷键插入空白关键帧，再执行"鼠标右键"/"粘贴"。将 4 个标志圈粘贴到标志图层上，然后全部框选后按"F8"快捷键转换为影片剪辑元件，如图 8.38 所示。

图 8.37　创建渐变背景元件

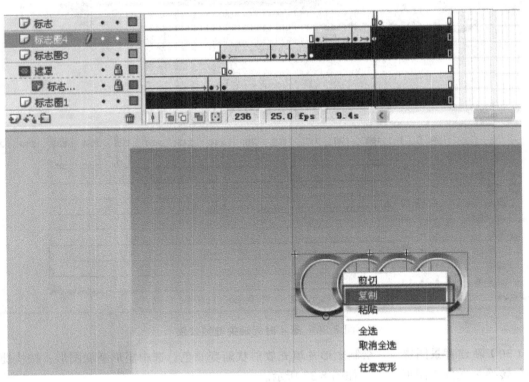

图 8.38　复制粘贴奥迪汽车标志

（32）选中标志圈 1、2、3、4 和图层最后一帧关键帧后，在如图 8.39 所示的位置按快捷"F7"插入空白关键帧。让标志图层关键帧 236 帧位置下面图层的标志圈图形不再显示。

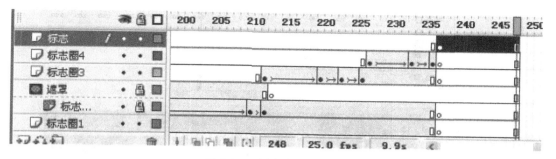

图 8.39　插入空白关键帧

（33）在标志图层 245 帧的位置按快捷键"F6"插入关键帧，选中舞台区域的标志影片剪辑元件，按"Ctrl+F3"打开属性面板以添加滤镜特效，如图 8.40 所示。同时为关键帧添加动画补间效果。

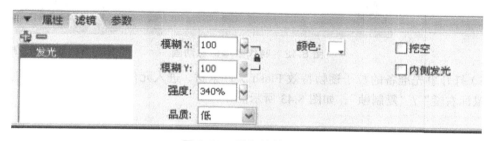

图 8.40　添加滤镜特效

（34）制作背景、背景 2 淡入淡出交替动画，如图 8.41 所示。

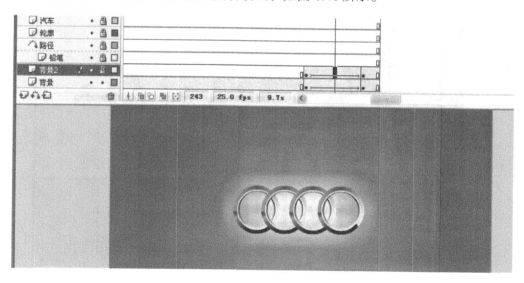

图 8.41　制作背景淡入淡出动画

（35）新建图层并命名为字母标志层，在 252 帧按快捷键"F7"插入空白关键帧。绘制制作字母标志图形元件并放入舞台合适的位置，同时制作出字母标志淡入逐渐显现的动画效果。在标志图层 260 帧插入关键帧，选中标志影片元件将滤镜参数归零，此时标志影片元件不再发光，并为关键帧添加动画补间效果，以制作出了标志闪光的动画效果，如图 8.42 所示。

图 8.42　制作字母标志动画

（36）打开事先准备的粒子逐帧特效 Flash 文件素材，进入元件层级，框选所有的关键帧。执行"鼠标右键"/"复制帧"，如图 8.43 所示。

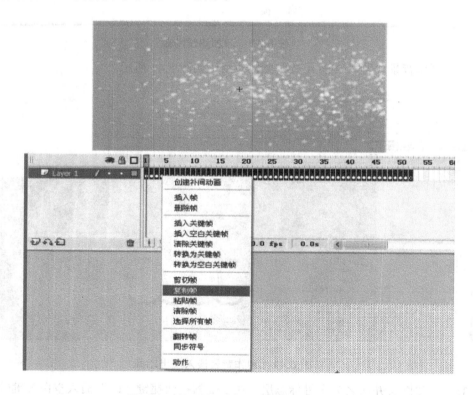

图 8.43　复制粒子特效素材关键帧

（37）再次返回到奥迪汽车宣传动画文件舞台区域，按快捷键"Ctrl+F8"创建一个名为粒子特效的图形元件，如图 8.44 所示。

图 8.44　创建粒子特效元件

（38）进入粒子特效图形元件，点选第一帧，执行"鼠标右键"/"粘贴帧"将刚复制的粒子帧粘贴进来。拖动时间轴滑块，此时粒子素材被制作成了一个粒子特效图形元件，如图 8.45 所示。

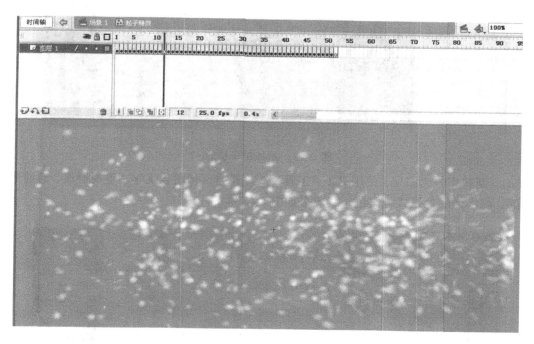

图 8.45　粘贴粒子特效素材帧

（39）回到场景层级，新建一个图层并命名为粒子特效层，在第 260 帧处插入空白关键帧，将关键帧时间延长至 312 帧的位置，如图 8.46 所示。

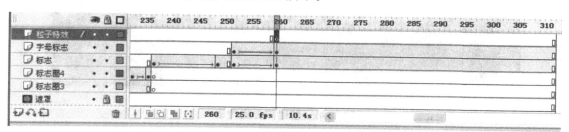

图 8.46　新建粒子特效层

（40）在粒子特效层 260 帧的位置按"F11"快捷键打开元件库面板，将刚制作的粒子特效图形元件拖入到舞台，并调整至合适的位置，如图 8.47 所示。

图 8.47　添加粒子特效

（41）新建广告语图层，使用"文字工具" A 在舞台区域输入文字"奥视群雄，启迪未来"宣传语，将字体颜色设置为白色，其效果如图 8.48 所示。

图 8.48　创建广告宣传语

（42）接下来导入准备好的声音素材文件，执行"文件"/"导入"/"导入到库"命令，将声音输出导入到文件库里面以方便使用，如图 8.49 所示。

注意：声音文件格式最好为 WAV 或者 MP3 声音文件格式，Flash 支持的声音文件格式。

图 8.49　导入声音素材文件

（43）新建背景音乐图层，在第 20 帧的位置按"F7"快捷键，插入空白关键帧。打开库面板，选择刚导入的声音文件素材，按住"鼠标左键"将声音素材文件拖动到舞台区域。此时背景音乐层 20 帧后显示了声音波形，如图 8.50 所示。

注意声音文件素材是拖动到舞台区域，不能拖动到图层时间轴上。

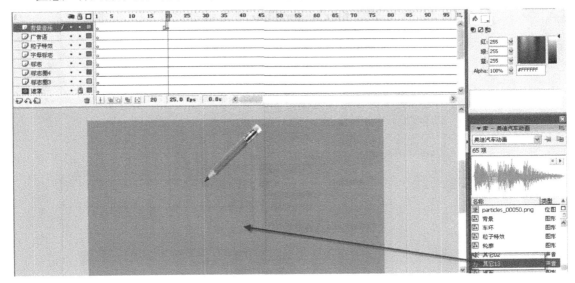

图 8.50　新建声音层并拖入声音文件

（44）此时虽然声音素材被插入到相应的图层时间段，但通过拖动时间轴指针，我们听不到任何声音效果，接下来再设置声音属性。点选声音波形任意一帧，按快捷键"Ctrl+F3"打开属性面板，将声音同步设置为数据流的方式，再次拖动时间轴指针，将会听到文件的声音效果，如图 8.51 示。

图 8.51　将声音同步设置为数据流

（45）根据同样的方法，我们可以插入标志音效和其他声音效果，如图 8.52 所示。

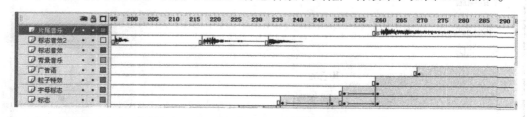

图 8.52　插入其他声音素材

（46）执行"文件"/"保存"命令，将文件保存为.fla 文件格式并命名为奥迪汽车动画。按"Ctrl+Enter"测试最终影片效果。再执行"文件"/"导出"/"导出影片"或按快捷键为"Ctrl+Alt+Shift+S"，将动画文件导出成 SWF 影片文件格式，如图 8.53 所示。到此奥迪汽车宣传动画制作完成了。

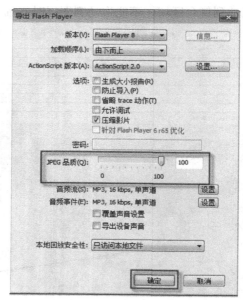

图 8.53　导出影片文件完成